TRAITÉ ÉLÉMENTAIRE

DES CHAMPIGNONS

Paris. — Imprimerie de L. MARTINET, rue Mignon, 2.

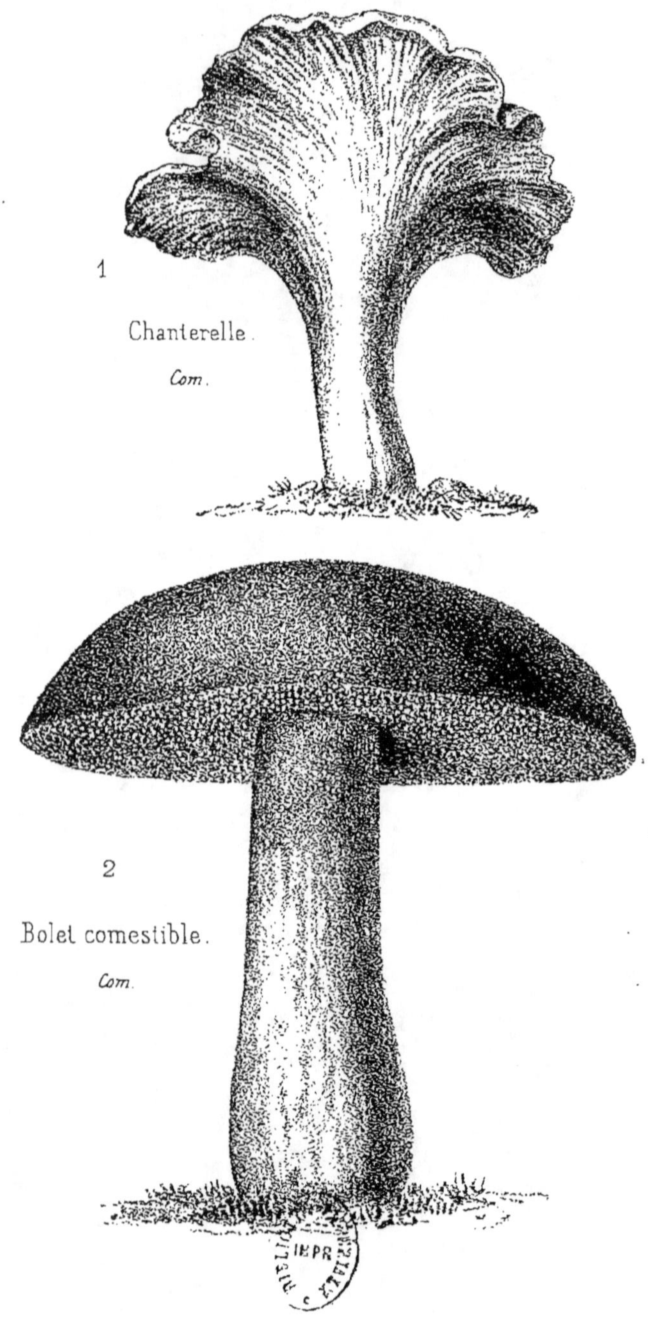

1

Chanterelle.

Com.

2

Bolet comestible.

Com.

TRAITÉ ÉLÉMENTAIRE

DES

CHAMPIGNONS

COMESTIBLES ET VÉNÉNEUX

PAR

A. DUPUIS,

Professeur de Sylviculture et de Botanique à l'École Impériale
d'Agriculture de Grignon.

PARIS

LIBRAIRIE CENTRALE D'AGRICULTURE ET DE JARDINAGE

QUAI DES GRANDS-AUGUSTINS, 41.

—Auguste GOIN, éditeur.—

1854

PRÉFACE.

Je me suis proposé, dans ce livre, de vulgariser
des notions importantes, mais malheureusement
trop peu répandues. Les nombreux exemples d'empoisonnement par les Champignons, dont il est si
souvent question dans les journaux, reconnaissent
pour cause le peu de connaissance qu'on a de ces
végétaux, et surtout la facilité avec laquelle on
confond certains Champignons vénéneux avec des
espèces comestibles auxquelles ils ressemblent au
premier aspect. J'ai insisté particulièrement sur ces
espèces trompeuses, et mis, autant que possible,
en regard, soit dans le texte, soit dans les figures,
les caractères qui les distinguent. Pour faire un ouvrage élémentaire et à la portée de tous, je n'ai
parlé que des Champignons les plus répandus. J'ai
laissé de côté les espèces très rares et celles que
leur petitesse, la dureté de leur tissu, leur odeur
fétide ou d'autres propriétés feront toujours rejeter comme aliment. Par le même motif, je n'ai pas

figuré toutes les espèces dont j'ai parlé, mais seulement les plus importantes, celles qui possèdent au plus haut degré les propriétés alimentaires ou malfaisantes ; leur connaissance facilitera beaucoup celle des autres.

J'ai consulté les meilleurs ouvrages qui ont été écrits sur ce sujet : tels sont, entre autres, ceux de Parmentier, Persoon, Orfila, Richard, de MM. Roques, Cordier, Mougeot, etc. C'est surtout pour moi un devoir bien agréable à remplir de reconnaître tout ce que je dois à M. le docteur Léveillé, dont les travaux consciencieux ont répandu tant de lumières sur cette partie si obscure de la Cryptogamie. Les articles qu'il a publiés dans le *Dictionnaire universel d'histoire naturelle*, et surtout ses communications verbales pleines d'intérêt, m'ont été d'un précieux secours, et je le prie d'en agréer ici mes remercîments.

TRAITÉ ÉLÉMENTAIRE
DES CHAMPIGNONS

PREMIÈRE PARTIE.
NOTIONS GÉNÉRALES.

CHAPITRE I.
Organisation des Champignons.

Les Champignons sont des végétaux aussi simples dans leur organisation que variés dans leurs formes. On aurait peine à croire, à première vue, que le charbon et la rouille du blé, que les moisissures dont se couvrent les corps en putréfaction, appartiennent au même groupe que les Bolets et les Agarics.

Ils se composent essentiellement d'un réseau de filaments blanchâtres (*blanc* ou *mycélium*), cachés ou apparents, d'où surgissent à l'extérieur des *spores* ou corps reproducteurs, portés ordinairement par un réceptacle de forme variable. Quelquefois même le Champignon est entièrement formé de spores. Si l'on ajoute que ces végétaux, placés presque au dernier degré de la série organique, sont dépourvus de feuilles et d'organes sexuels, présentent toutes les couleurs, mais très rarement la verte, et sont généralement terrestres ou parasites, mais jamais aquatiques, on aura caractérisé les Champignons.

Le nombre considérable de ces êtres, et les différences qu'ils présentent dans leur organisation, ont engagé les botanistes à les diviser en plusieurs groupes qui n'ont pas pour nous une égale importance.

Les *Mucédinées*, ou moisissures, sont les Champignons les plus simples ; il est même probable que plusieurs ne sont que le premier état d'autres espèces : c'est à ce groupe qu'il faut rapporter l'*Oïdium* de la vigne, le *Botrytis* des pommes de terre et celui des vers à soie atteints de la muscardine.

Les *Urédinées* sont appelées aussi *poussières végétantes*, et ce nom les caractérise assez bien. Le charbon, la carie, la rouille, malheureusement trop fréquents sur les céréales, en offrent des exemples remarquables.

Dans une tribu voisine, les *Lycoperdées*, on trouve l'ergot du seigle ou des autres graminées, les vesses-de-loup, les *Rhizoctones* qui attaquent les racines de la luzerne, du safran, etc., et la truffe, ce singulier Champignon si recherché des gourmets.

Nous arrivons aux vrais *Champignons*, les seuls à peu près auxquels on donne ce nom dans le langage ordinaire, et dont nous ayons à nous occuper ici. Pour bien comprendre leur organisation, on peut prendre pour type l'*Agaric comestible*, ou *Champignon de couche*, que l'on vend en si grande abondance sur les marchés de Paris.

Tout Champignon se compose de deux parties, l'une souterraine, l'autre aérienne.

La partie souterraine, *mycélium* ou *blanc de champignon*, est une sorte de moisissure, formée de filaments blanchâtres, rampants, qui se divisent, se croisent en tous sens et finissent par former un tissu plus ou moins serré. Elle est produite par la germination d'une *spore*, et peut être considérée comme une tige souterraine, annuelle ou vivace, qui apporte au jour les organes de la fructification, comme les végétaux ordinaires donnent naissance à des fleurs et des fruits. Quand le temps de la fructification est passé, le mycélium rentre dans le repos et attend une saison et des circonstances favorables pour produire de nouveau. Tous les Champignons commencent par lui, et sans lui ils cesseraient d'exister. Ce mycélium s'étend dans tous les sens ; de là, la disposition en cercle que présentent souvent les Champignons. En général, tous ceux que nous voyons naître à côté l'un de l'autre appartiennent à un seul et même individu.

La partie aérienne, à laquelle on donne communément le nom de *Champignon*, n'est donc pas un individu, une plante proprement dite, mais un fruit plus ou moins composé. Elle se compose généralement d'un pied ou *pédicule* et d'un chapeau.

Le *pédicule*, pied ou stipe, est le support des autres organes ; il occupe le centre, le côté ou un point intermédiaire du chapeau. Il est dit alors central, latéral ou excentrique. Il manque même quelquefois ; le chapeau est alors sessile. Il varie dans sa forme, sa longueur, sa surface, sa consistance ; il est tantôt plein, tantôt creux. Il porte quelquefois à sa partie moyenne un *anneau*, reste d'un voile membraneux qui, dans la jeunesse du Champignon, est inséré de l'autre côté, au bord du chapeau, en recouvrant la membrane fructifère, mais qui s'en sépare quand le Champignon se développe, pour rester attaché au pédicule.

Le *chapeau* est en général la partie la plus importante du Champignon et la seule que l'on mange. Sa forme est le plus souvent convexe, d'autres fois plane, concave ou diversement contournée ; ses bords sont entiers ou divisés. Sa face supérieure présente les couleurs les plus variées, et son épiderme est tantôt adhérent, tantôt facilement séparable ; elle présente quelquefois des taches ou des zones diversement colorées. Le chapeau se compose d'une partie charnue, supérieure, et, au-dessous, de l'*hyménium* ou *membrane fructifère*. Celle-ci forme des lames dans les Agarics, des veines ou replis saillants dans les Chanterelles, des tubes ou pores dans les Bolets, des aiguilles ou pointes dans les Hydnes, etc. Sa couleur est souvent différente de celle du Champignon, et devient plus foncée à la maturité des corps reproducteurs qu'on trouve à sa surface.

Les *spores* sont des corps très petits qui servent à reproduire les Champignons, comme des graines auxquelles elles ressemblent dans leurs fonctions, mais non dans leur structure ou leur germination. Elles sont diversement disposées, et les différences qu'elles présentent sous ce rapport ont fourni à M. Léveillé les bases de sa savante classification. Leur couleur, qui varie beaucoup, peut être souvent très utile pour distinguer les espèces. On les reconnaît par un procédé bien simple : on pose le chapeau des Champignons, les lames en bas, sur une glace ou une feuille de papier qui, au bout de quelques heures, se trouve colorée par l'accumulation des spores.

Toutes les parties dont nous venons de parler s'observent très facilement dans le Champignon de couche. Certaines espèces, telles que l'Oronge et généralement toutes les Amanites, présentent de plus une *volva* ou *bourse*, dans laquelle elles sont complétement renfermées dans les premiers temps. Mais quand le Champignon se développe, la *volva* se rompt, comme la coquille d'un œuf; elle reste alors *complète* ou *incomplète* à la base du pédicule. Le plus souvent la partie supérieure laisse sur le chapeau des débris formant des taches blanches ou des sortes de pustules, qui fournissent quelquefois de très bons caractères pour la connaissance des espèces alimentaires ou vénéneuses, mais qu'il ne faut pas confondre avec les écailles que produit l'épiderme en se soulevant.

CHAPITRE II.

Végétation des Champignons.

On a cru pendant longtemps, et cette opinion est encore trop généralement répandue parmi les personnes étrangères à l'étude de la Botanique, que les Champignons naissaient spontanément, qu'ils étaient produits par les sucs de la terre ou par la décomposition des substances organiques. Tout ce qu'on peut dire, c'est que ces substances favorisent la végétation des Champignons, au lieu de prendre leur forme ou leur nature. Tout Champignon provient d'une spore, comme toute plante phanérogame d'une graine ; cette spore, en germant, produit le mycélium. Les botanistes savent depuis longtemps que tous les Champignons commencent par une sorte de moisissure, et l'on a pris souvent pour des genres particuliers des mycéliums qui n'avaient pas encore produit.

La croissance rapide des Champignons, qui a donné lieu à un proverbe bien connu, a pu faire croire à leur génération spontanée. Le plus grand nombre de ces végétaux se développent quelquefois en une nuit. Les espèces qui s'accroissent aussi rapidement sont annuelles, et n'ont même souvent qu'une durée très éphémère ; d'autres, au contraire, végètent plus lentement ; elles sont vivaces et durent souvent un assez grand nombre d'années : tels sont les Champignons qui servent à la préparation de l'amadou.

On ne s'est occupé sérieusement que dans ces derniers temps de l'influence des agents extérieurs sur ces végétaux ; c'est à M Léveillé que l'on doit les observations les plus précises à ce sujet. La lumière et l'air sont aussi nécessaires aux Champignons qu'aux autres plantes ; ordinairement, quand ils sont soustraits à l'influence de ces deux agents, ils végètent mal, s'étiolent et s'allongent. On n'a pas jusqu'à présent d'observation positive sur l'action des brouillards.

L'électricité favorise beaucoup leur développement; c'est après les pluies d'orage qu'on les trouve en plus grand nombre. Cependant les maraîchers de Paris prétendent que le tonnerre tue les Champignons de couche en plein air, et épargne ceux des caves ou des catacombes. Ici, c'est l'excès qui est nuisible. D'ailleurs, la végétation du Champignon de couche est exceptionnelle sous plusieurs rapports.

La chaleur et l'humidité réunies exercent l'influence la plus marquée sur les Champignons; aussi est-ce dans la saison chaude, et surtout pendant les pluies d'automne, qu'ils paraissent en plus grande abondance. Mais quand le soleil donne directement sur ces végétaux, il en fait périr un grand nombre. Il paraîtrait cependant que la chaleur de l'eau bouillante ne détruit pas la faculté germinatrice des spores de quelques espèces. La chaleur artificielle tue momentanément les Champignons, mais n'empêche pas leur réapparition. Ainsi on a essayé de cautériser avec un fer rouge la place où ils s'étaient montrés sur des arbres fruitiers; ils ont reparu la seconde année. M. Durieu en a trouvé en Algérie sur des plantes et des bois brûlés, et l'on sait que, dans nos forêts, les fauldes à charbon sont au nombre des endroits où on les trouve en plus grande abondance.

Le froid ralentit ou arrête leur végétation ; cependant quelques-uns sont plus robustes et se montrent en hiver, dès que le temps se radoucit. Quand la température descend au-dessous de zéro, ils gèlent en conservant leur forme ; mais ils pourrissent au dégel. Les Champignons épais, subéreux, comme l'*Amadouvier*, ne sont pas influencés par ces alternatives de chaud et de froid.

Les Champignons croissent en abondance partout où ils trouvent une chaleur et une humidité convenables, ce qui a lieu surtout dans les régions tempérées, et, pour les montagnes, dans la zone moyenne. Leur circonscription géographique varie ; elle est souvent très étendue. Les vrais Chámpignons croissent sur la terre, le fumier, les bois morts, etc., rarement sur les plantes vivantes ; quelques-uns se trouvent dans la terre à une grande profondeur : on les appelle *Hypogés*. La majeure partie vient sur la terre, dans les bois, surtout dans ceux de pins ou de sapins ; un sol calcaire semble leur être plus propice qu'un sol sablonneux.

C'est depuis juillet jusqu'à novembre, et surtout

pendant les pluies d'automne, que les Champignons paraissent pour la plupart dans nos régions ; cependant quelques-uns, comme les Morilles, ne se montrent qu'au printemps. Leur durée est généralement très limitée (huit à douze jours), mais les individus se succèdent avec abondance.

CHAPITRE III.

Composition chimique.

Plusieurs chimistes se sont occupés de l'analyse des Champignons. On y a trouvé une grande quantité d'eau de végétation ; un principe particulier qu'on a nommé *fungine*, mais que M. Payen a reconnu être un mélange de cellulose et de matière grasse ; de l'acide fungique, uni le plus souvent à la potasse ; de la mannite, unie à du sucre fermentescible ; de l'huile, de l'albumine, des matières animales, de l'adipocire, et quelques autres substances, mais en petite quantité.

MM. Schlossberger et Dopping, ayant soumis à l'analyse un certain nombre d'espèces, ont obtenu les résultats consignés dans le tableau suivant :

		Pour 100 parties de Champignons frais.				Pour 100 parties de matière desséchée à 100°·	
		Eau.	Matière solide.	Sels.	Azote.	Sels.	Azote.
1.	Agaric délicieux..	80,9	13,1	0,90	0,61	6,9	4,6
2.	— comestible.	90,6	9,4	1,08	0,77	11,6	8,3
3.	— glutineux .	93,7	6,3	0,30	0,29	4,8	4,6
4.	Russule	91,2	8,8	0,83	0,37	9,5	4,2
5.	Chanterelle.......	90,6	9,4	1,05	0,30	11,2	3,2
6.	Fausse oronge....	90,5	9,4	0,84	0,59	9,0	6,3
7.	Ceps noir........	94,2	5,6	0,38	0,26	6,8	4,7
8.	Lycoperdon hérissé............					5,2	6,1
9.	Boletus fomentarius..............					3,0	4,4
10.	Dedalæa quercina..............					3,1	3,2

On voit que les Champignons sont au nombre des végétaux les plus aqueux ; on ne doit pas s'étonner qu'ils diminuent beaucoup de poids par la dessiccation.

La quantité d'azote est considérable et surpasse celle des autres plantes ; les pois et les haricots n'en contiennent que 3 à 5 pour 100. Les Champignons participent donc de la nature des matières animales ; leur décomposition donne des produits analogues à ceux des animaux : aussi ont-ils été classés dans ce règne par un certain nombre de naturalistes. Cette abondance de la matière azotée en fait des substances très nourrissantes, mais indigestes, si l'on en prend en trop grande quantité.

« La présence de l'albumine chez ces végétaux, dit M. Braconnot, explique pourquoi, lorsqu'on les fait cuire, ils prennent une consistance et une fermeté qu'ils n'ont pas avant la cuisson, puisque, comme on sait, ils sont très fragiles et spongieux dans leur état naturel; pourquoi, arrivés à la fin de leur végétation, ils se pourrissent si facilement et répandent une odeur si fétide; pourquoi ils sont une nourriture substantielle pour les animaux carnivores qui en sont très friands, tandis que les herbivores les recherchent moins. »

Dans les analyses citées plus haut, la teinture d'iode n'a jamais communiqué aux Champignons une coloration qui pût y faire soupçonner la présence de l'amidon. Cependant, M. Tripier a vu le *Boletus sulfureus* bleuir légèrement par ce réactif. Cette coloration, examinée à la loupe, paraissait due à des points bleus qui se détachaient sur une surface jaunie; elle ne se manifestait dans aucun autre cas que celui du contact de la solution d'iode.

Dans tous ces Champignons, la mannite était accompagnée de sucre fermentescible. Plusieurs de ces espèces, conservées quelques jours dans une fiole ouverte, ont éprouvé la fermentation alcoolique; on obtint de l'alcool par la distillation.

Plusieurs de ces Champignons sont riches en mucus végétal. Le gaz qui s'exhale est toujours de l'acide carbonique, et quelquefois de l'hydrogène carboné.

Le *Boletus sulfureus* sécrète en assez grande proportion de l'acide oxalique.

Quant au principe vénéneux des Champignons, l'analyse chimique n'est pas encore parvenue à l'isoler, et par conséquent il n'est pas bien connu. D'après Vauquelin, c'est surtout dans la matière grasse qu'on devra le trouver. Les recherches de cet habile chimiste ont porté sur des amanites. M. Letellier, qui a opéré sur le même genre, dit en avoir isolé le principe vénéneux, auquel il a donné le nom d'*amanitine*; mais ce résultat n'a pas été admis par la plupart des chimistes.

Les cendres des Champignons, comme celles des matières riches en protéine, contiennent une grande quantité de phosphates. Le *Dedalœa quercina* en contient des proportions notables, tandis que le bois pourri sur lequel il se développe n'en renferme que fort peu.

CHAPITRE IV.

Propriétés et usages.

Les Champignons ont une odeur caractéristique; les uns exhalent un parfum des plus suaves, les autres sont d'une fétidité repoussante. Leur saveur varie également : tantôt elle est agréable, tantôt

âcre, caustique, acide, styptique, nauséuse, etc.
D'autres fois ils sont fades ou insipides. La saveur
et l'odeur diminuent en général par la dessiccation.

L'ébullition fait aussi perdre aux Champignons
plusieurs de leurs principes, et, avec eux, certaines propriétés ; aussi beaucoup d'amateurs les
mangent crus.

Nous avons déjà parlé de la couleur des Champignons à l'extérieur ; au dedans, elle varie
moins. Quelques espèces changent de couleur
quand on les brise ; leur chair, ordinairement
blanche, passe au jaune, au rouge, au vert ou au
bleu.

Les Champignons offrent à l'homme et aux animaux un aliment des plus agréables et des plus
nourrissants ; ils peuvent offrir au besoin une ressource, et dans certaines contrées il s'en fait une
grande consommation. M. Armand Domergue a
vu en Russie, pendant les guerres de l'Empire, des
recrues nourries pendant plusieurs jours avec des
Champignons. Le sergent avait vendu à son profit
les vivres de ses soldats, et menait ceux-ci *paître*,
à une petite distance des lieux d'étape, des Champignons appelés dans le pays *Griboui*, et qui sont
probablement des bolets. Ils ne sont point vénéneux comme dans le midi de l'Europe, quoiqu'ils

bleuissent en dedans. Les Russes en sont très friands et les assaisonnent à la poêle avec de la crème. Un fait très singulier, c'est que l'usage presque exclusif de ce mets pendant quelque temps avait communiqué à la peau, et même à la sueur, une nuance verdâtre qui se manifestait jusque dans les urines.

En Russie, en Pologne et en Toscane, les Champignons sont un aliment presque indispensable aux classes pauvres, pour lesquelles ils remplacent le pain pendant un certain temps de l'année. On en consomme beaucoup aussi dans certaines provinces de la France, telles que les Vosges, la Lorraine, l'Alsace, la Bourgogne et le Dauphiné.

Malheureusement, à côté d'aliments délicieux, les Champignons renferment des poisons violents. Il est donc important de connaître les uns et les autres. Tous les ans, les journaux rapportent de trop nombreux exemples de familles empoisonnées par ces végétaux. Il y a donc au moins de l'exagération dans l'assertion de Bory de Saint-Vincent, qui assure avoir mangé indistinctement de toutes les espèces. Pallas dit positivement qu'en Russie on mange tous les Champignons, même ceux qui sont passés ou verreux. Il est plus probable que l'on doit en excepter quelques espèces. Plusieurs causes néanmoins peuvent rendre les Champignons moins dangereux en Russie que chez nous. D'abord les principes vénéneux des plantes sont en général d'autant moins développés que la chaleur et la lumière sont moins fortes ; nous en avons un exemple remarquable dans la grande Cigüe qui, alimentaire pour les Russes, est un poison pour les peuples du Midi. L'habitude peut aussi modifier la susceptibilité des organes sous ce rapport, si l'histoire de Mithridate est vraie.

Enfin on peut, au moyen de certaines préparations, enlever aux Champignons leur principe vénéneux, sinon en totalité, du moins en assez forte proportion pour qu'ils ne soient plus mortels. On les fait, pour cela, macérer longtemps dans l'eau pure, et mieux dans l'eau salée, le vinaigre, l'alcool, l'éther ou l'huile. On peut encore les plonger dans de l'eau bouillante. Ces liquides dissolvent en entier le principe vénéneux sans le neutraliser ou le dénaturer ; ils deviennent donc eux-mêmes très vénéneux, et l'on doit les rejeter avec soin. On renouvelle cette opération plusieurs fois, puis on fait sécher les Champignons ; en Russie on les conserve quelquefois dans l'eau salée. Les procédés au moyen de l'eau sont simples, faciles et fort peu dispendieux.

Un des meilleurs moyens de prévenir des erreurs funestes dans l'usage des Champignons serait de les manger tels que la nature nous les offre. En effet, les espèces vénéneuses ont très souvent une odeur fétide et toujours un goût désagréable, qui nous les ferait rejeter à l'instant, si nous voulions les manger crues.

Les Champignons peuvent servir aussi, en très grand nombre, à la nourriture des animaux domestiques, ainsi qu'il résulte des expériences de Daubenton. Quelques quadrupèdes, tels que les sangliers, les cerfs, les moutons, et même les bœufs, sont très friands de quelques espèces qu'ils savent distinguer. Les chevaux, les porcs et toutes les bêtes à cornes recherchent avidement l'Agaric palomet et le Bolet comestible. L'instinct de ces divers animaux peut souvent nous fournir de précieuses indications pour la connaissance des espèces alimentaires.

On a cherché à mettre à profit pour la médecine les propriétés délétères de certains Champignons ; mais on n'a encore que des données peu étendues à ce sujet. On emploie dans le traitement de la phthisie pulmonaire ou tuberculeuse la Dédalée ou Bolet odorant, l'Oreille de Judas (*Peziza auricula*) et le Bolet du Mélèze, improprement nommé *Agaric ;* celui-ci est aussi employé contre l'hydropisie. Dans ces derniers temps, on a employé comme anesthésique les spores de Lycoperdon. La substance de ce Champignon sert pour arrêter les hémorrhagies, mais c'est surtout l'amadou qu'on emploie pour cet usage.

L'amadou, employé en médecine et dans les arts, se fait avec certains Bolets, et surtout avec l'Amadouvier (*Boletus igniarius*) et quelques espèces voisines. La préparation consiste à ramollir par la cuisson la substance cotonneuse du Bolet, et à l'imprégner d'une matière capable de donner plus d'activité au feu, quand on l'allume. Pour cela, après en avoir séparé les tubes, on coupe le chapeau par tranches que l'on bat avec un marteau de bois, après les avoir fait ramollir, au besoin, dans une cave. Puis on les met dans une grande marmite, avec de l'eau salpêtrée, et l'on fait bouillir pendant une heure. Après cela, on les retire, on les fait sécher lentement, et l'on recommence à les battre.

Quelquefois, au lieu de faire bouillir les tranches de Bolet, on se contente de les mettre dans les cendres de lessive, et de leur donner deux ou trois chaudes de cette lessive bouillante. Il y a encore d'autres procédés plus simples, mais aussi bien plus imparfaits.

Pour faire l'*Agaric astringent* des chirurgiens qu'on peut extraire des mêmes champignons, mais pour lequel on préfère le Bolet du mélèze, on prépare la substance de la même manière, mais sans y ajouter de sel ni de cendre.

Plusieurs Champignons peuvent fournir des matières colorantes, du bleu de Prusse, de l'encre, de l'acide oxalique, etc. Nous étudierons ces divers usages en faisant l'histoire particulière des espèces.

Les Champignons vénéneux servent, dans certains pays, à faire des compositions propres à détruire quelques insectes nuisibles aux végétaux cultivés dans nos jardins, notamment les pucerons, cochenilles, punaises et gallinsectes. Dans les localités où ils sont abondants, ils pourraient être avantageusement employés comme engrais ; le principe vénéneux étant d'origine organique, il n'est nullement à craindre qu'il passe dans les plantes cultivées. Si nous observons ce qui se passe dans la nature, nous voyons les Champignons concourir puissamment, par leur décomposition, à augmenter la couche d'humus, et à préparer ainsi le terrain sur lequel croîtront plus tard d'autres plantes plus richement organisées et plus élevées dans la série végétale. On en a la preuve dans la végétation vigoureuse que présentent les *Cercles des fées*. Ce sont des Agarics disposés circulairement, qui, par leur décomposition, fournissent un engrais puissant à l'herbe, qui forme ainsi un anneau facile à distinguer du reste par sa belle venue ; et comme le cercle des champignons s'agrandit tous les ans, l'anneau de verdure s'agrandit aussi. Les Champignons qui arrêtent et même détruisent la végétation pendant leur vie, la favorisent au contraire après leur mort. La grande quantité d'insectes qui se trouve dans les Champignons avancés en âge augmente la proportion de matière azotée de ces végétaux, et par conséquent leur puissance comme engrais.

Nous sortirions de notre sujet si nous voulions parler ici du Seigle ergoté, des Rhizoctones, des Urédinées, des Moisissures et autres Champignons microscopiques, utiles ou nuisibles à divers titres.

Il n'est pas douteux qu'à mesure que le groupe des Champignons sera mieux étudié, on découvrira un plus grand nombre d'espèces intéressantes par leurs applications. Mais le côté le plus important de leur étude sera la connaissance des espèces alimentaires ou vénéneuses ; cette connaissance, que nous avons seulement indiquée en passant, mérite d'être traitée dans plusieurs chapitres spéciaux.

CHAPITRE V.

Distinction des espèces comestibles et vénéneuses.

Les espèces qu'on peut manger sans danger et celles qui déterminent des accidents plus ou moins graves sont si irrégulièrement distribuées dans ce groupe, et les caractères qui séparent les espèces sont souvent si difficiles à saisir, qu'un petit nombre de personnes, celles seulement qui en ont fait une étude spéciale, peuvent distinguer avec certitude les bons des mauvais Champignons. Bien qu'il n'y ait pas de caractères généraux qui permettent d'établir sûrement cette distinction, néanmoins les caractères et les propriétés diverses de ces végétaux peuvent fournir quelques données assez bonnes, que nous indiquerons ici sommairement.

Odeur. — Les bons Champignons ont un parfum agréable, quelquefois une odeur de farine fraîche ; si celle-ci est trop exaltée, le Champignon doit être suspect. Quant aux espèces dont l'odeur est désagréable, vireuse ou nauséabonde, elles sont certainement mauvaises.

Saveur. — On peut prendre, comme type des bonnes espèces, le Champignon de couche, dont la saveur approche de celle de la noisette, sans laisser d'arrière-goût désagréable, astringent ou styptique.

Il faut se défier des espèces qui présentent ce dernier caractère, et rejeter en général celles qui ont une saveur âcre, brûlante, acide, poivrée, amère, ou acerbe.

Couleur. — Ce caractère est déjà un peu moins certain que les précédents. On a remarqué que le jaune pur ou doré, le bleuâtre ou le pâle, le brun mat ou le bistre, le rouge vineux ou le violet, appartiennent à beaucoup de Champignons alimentaires. Au contraire, le jaune pâle ou soufre, le rouge vif ou sanguin et le verdâtre n'appartiennent guère qu'à des Champignons malfaisants. En général, il faut rejeter toutes les espèces qui ont des couleurs tristes, éclatantes ou bigarrées, ainsi que celles dont les lames sont colorées en brun, en jaune clair ou en bleu.

Les bonnes espèces ont en général une chair blanche, et qui, lorsqu'on la coupe, ne change pas de couleur au contact de l'air. Toute espèce, au contraire, qui, étant coupée, change de couleur, est plus ou moins malfaisante.

Il ne faut pas oublier d'ailleurs que les couleurs varient souvent avec l'âge du Champignon, et cette variation peut faire commettre des erreurs funestes : l'*Agaric pectiné* en est un exemple.

Consistance. — Les bonnes espèces ont le plus souvent une chair compacte et cassante. On doit regarder comme mauvaises toutes celles dont la chair est aqueuse, molle, ou au contraire filandreuse, pesante ou coriace.

Habitat. — Les bons Champignons se trouvent généralement dans les lieux les plus aérés. Les espèces les plus vénéneuses habitent les endroits sombres, humides et fourrés ; il faut rejeter toutes celles qui viennent à l'obscurité, dans les caves ou sur les vieux troncs, ou bien encore sur des matières animales en putréfaction.

Age. — Il faut proscrire tout champignon trop âgé ; car souvent une même espèce, innocente dans la jeunesse, devient plus tard dangereuse. On doit se méfier aussi de ceux qui se gâtent avec facilité, dont les couleurs sont altérées, ou qui ont éprouvé un commencement de décomposition.

Caractères divers. — Tous les Champignons qui sécrètent un suc laiteux, généralement âcre, sont suspects, et doivent être rejetés. On a remarqué que les bons Champignons sont plus souvent munis d'un anneau ; que leur chapeau est moins souvent visqueux, et que leur pédicule se creuse plus rarement dans la vieillesse ; mais ces caractères présentent beaucoup d'incertitude. On doit se méfier des Champignons qui changent la couleur du papier de tournesol, ou qui colorent en brun une cuiller d'étain ou d'argent ; de ceux enfin qui donnent une couleur noire à l'oignon avec lequel on les fait cuire. Mais ce dernier caractère doit être accueilli avec défiance, et l'on cite des exemples d'empoisonnement par des champignons cuits avec un oignon qui n'avait pas changé de couleur. Enfin on rejettera tous ceux que les insectes ont abandonnés après les avoir mordus, sans croire cependant que tous les Champignons mangés par les vers ou par les limaces soient nécessairement comestibles pour l'homme. Bien que ces animaux attaquent de préférence les bonnes espèces, ils en mangent aussi de vénéneuses. Les animaux supérieurs peuvent fournir des indications plus sûres.

Les caractères que nous venons d'exposer ne sont pas sans doute absolus, et présentent, les derniers surtout, d'assez nombreuses exceptions. Mais, en les prenant à la lettre, on ne pourra que rejeter des espèces innocentes, erreur bien préférable à celle qui ferait accepter comme alimentaires des espèces vénéneuses. Nous indiquerons ici les principales exceptions, et nous renverrons, pour compléter cette étude, à la seconde partie de ce travail.

La Chanterelle et l'Hydne sinué ont une saveur piquante; celle des Bolets hépatique, rude, orangé, est acide. Ces deux dernières espèces ont une chair blanche qui, entamée, prend une teinte vineuse.

L'Agaric délicieux a un suc laiteux d'un rouge de brique, ainsi que le Lactaire doré. Les Agarics âcre, engaîné, rougeâtre, ont encore une saveur désagréable. Tous ces Champignons, qu'on pourrait regarder comme suspects, sont néanmoins alimentaires, et, si les trois derniers présentent quelques propriétés malfaisantes, ils les perdent par la cuisson.

Nous n'avons pas besoin de dire que, tant que l'on n'aura pas acquis une connaissance assez étendue de ces végétaux, la prudence commande de s'abstenir de tous ceux sur lesquels on conservera quelque doute, ou d'employer les précautions indiquées dans le chapitre précédent.

C'est surtout dans les genres Amanite, Agaric, Bolet, Chanterelle, Hydne, Clavaire, Helvelle, Morille, Truffe, que nous rencontrons le plus grand nombre de Champignons comestibles; les trois premiers de ces genres renferment, en outre, la plupart des espèces dont on doit se défier. Nous ajouterons que ce qui rend si communs les empoisonnements par les Champignons, c'est la ressemblance extérieure qui existe le plus souvent entre une espèce alimentaire et une espèce vénéneuse; il importe donc d'étudier plus particulièrement ces espèces, que des caractères faciles à saisir permettent d'ailleurs de distinguer.

CHAPITRE VI.

**Des Champignons comestibles. — Récolte, conservation
et préparation.**

La récolte des Champignons demande certaines
précautions que l'on ne doit pas négliger. Il faut,
autant que possible , choisir un temps un peu sec,
et surtout après que la rosée est passée ; couper le
pédicule près du sol, et ne pas arracher les Champignons, car la terre pourrait s'introduire dans les
lames, les tubes ou les alvéoles, d'où il serait presque impossible de la faire sortir.

Les Champignons doivent être récoltés peu de
temps avant de les faire cuire ; on les choisira
jeunes, avant même l'entier développement du
chapeau ; trop avancés, la chair devient flasque,
se décompose, ou les vers ne tardent pas à s'y
mettre. Quand on les a bien triés, pour séparer les
mauvaises espèces qui pourraient s'y être glissées,
on enlève avec soin les lames et les tubes, appelés
foin par les cuisiniers, et souvent aussi le pédicule,
pour peu qu'il soit dur ou filandreux. On doit couper les Bolets par le milieu, afin de s'assurer qu'ils
ne changent pas de couleur. Enfin on fait *blanchir*
les Champignons en les trempant dans de l'eau
froide ou tiède, aiguisée d'un peu de vinaigre, et
qu'on a soin de rejeter après.

Lorsqu'on veut avoir des Champignons dans toutes les saisons, il y a plusieurs manières de les conserver. Voici la plus simple et la plus répandue : Les espèces de taille petite ou moyenne, telles que les Chanterelles, les Morilles, les Mousserons, sont étalées sur une table dans un lieu sec et aéré, un peu à l'ombre ; les Bolets et les autres grandes espèces doivent, après avoir été débarrassés du pédicule et de la membrane fructifère, être coupés par tranches. On peut aussi les enfiler avec une ficelle, de manière qu'ils ne se touchent pas. En les mettant dans un four chauffé modérément, on hâte la dessiccation. Quand les Champignons sont bien secs, on les conserve dans des sacs ou dans des boîtes, à l'abri de la poussière et de l'humidité.

Un autre procédé consiste, après les avoir fait blanchir dans l'eau bouillante aiguisée d'un jus de citron, à les conserver dans des bocaux pleins d'huile d'olive, ou d'eau salée, ou bien de vinaigre auquel on ajoute un peu de sel, de poivre et d'ail.

Les mêmes procédés s'appliquent plus ou moins avantageusement aux Truffes. Celles-ci doivent être récoltées par un temps sec et un beau soleil, à l'époque de leur parfaite maturité. Trop ou pas assez mûres, elles se conservent en général peu de temps. Il faut qu'elles soient très saines, car une seule Truffe altérée suffit pour faire gâter les autres. On les fait sécher à l'ombre plutôt qu'au soleil; la chaleur artificielle n'est pas d'une application avantageuse. En général, les Truffes se conservent beaucoup mieux dans leur terre natale desséchée. Si l'on veut les en débarrasser, à cause des exigences de la vente, ce sera en frottant avec une brosse rude, et l'on évitera de les laver. On les entourera ensuite de sable bien sec ou mieux d'argile sèche et pulvérisée ; ces deux substances sont bien préférables aux cendres, à la saumure, au son, à l'étoupe, etc. On évitera avec soin de les entourer de cire ou de graisse. Si l'on emploie un liquide, l'huile vaut mieux que l'alcool, et surtout que le vinaigre. Le procédé qui consiste à les couper par tranches et à les sécher est un des plus mauvais.

Du reste, les Champignons, préparés comme nous venons de le dire, perdent plus ou moins de leur parfum et sont inférieurs aux Champignons frais. Leur conservation n'en est pas moins fort commode, et les amateurs sont souvent bien aises d'en avoir des provisions. Depuis quelques années, il s'en fait un grand commerce, soit dans les départements, soit à l'étranger.

Quand on veut se servir de Champignons conservés, on les fait revenir en les laissant tremper quelques heures dans de l'eau tiède ou du lait : ce dernier est préféré pour les Hydnes, les Clavaires, etc. ; mais l'eau est meilleure pour les Champignons de couche, les Morilles et les Mousserons.

Plusieurs espèces de Champignons peuvent se manger crues et sans aucun apprêt : tels sont, entre autres, le Champignon de couche, la Couleuvrée, la Clavaire coralloïde, le Ceps et le Lactaire doré. D'autres, au contraire, pour pouvoir être mangées avec plaisir ou sans danger, ont besoin de subir la cuisson : ce sont les Agarics âcre, engaîné, rougeâtre, les Bolets hépatique, rude, orangé, les Hydnes, la Chanterelle, etc. Cependant toutes les espèces sont généralement soumises à certaines préparations culinaires qui les font trouver meilleures. La plus simple consiste à les faire cuire sur le gril ou sur le plat, en les assaisonnant de beurre frais ou d'huile, de sel et de poivre ; quelquefois on ajoute des fines herbes ou de la chapelure. C'est la préparation la plus usitée chez les habitants de la campagne. Mais on fait aussi avec les Champignons des potages, des salades, des beignets, des vol-au-vent, des salmis, etc. Le luxe culinaire a soumis les Champignons à un grand nombre de préparations que nous croyons pouvoir nous dispenser de décrire dans un ouvrage destiné surtout aux populations rurales. Nous ajouterons seulement qu'en général les Champignons n'exigent pas une cuisson très longue. Nous rappellerons aussi que si certains d'entre eux, par exemple l'Oreille de chardon, la Chanterelle, l'Hydne sinué et les Clavaires, peuvent se préparer entiers, les Bolets, au contraire, ainsi que la plupart des Agarics, doivent être débarrassés des lames ou tubes, de l'épiderme, et du pied, s'il est trop coriace.

CHAPITRE VII.

Culture des Champignons.

Les Champignons possédant, comme les plantes phanérogames, des organes de végétation et de reproduction, on doit trouver chez eux les deux modes de propagation par graines et par boutures : le premier a son analogue dans la germination des spores, le second dans la séparation du blanc ou mycélium. C'est sur ce fait que sont fondés les différents procédés de culture, à laquelle un petit nombre d'espèces seulement ont été soumises jusqu'à aujourd'hui.

La plus remarquable sous ce rapport, la plus généralement cultivée, est l'Agaric comestible, ou

Champignon de couche (*Agaricus campestris*);
c'est celle qui a donné les résultats les plus satis-
faisants. Sa culture, qui est très étendue à Paris,
se fait surtout dans les caves, les catacombes, les
carrières abandonnées, etc.

Le premier soin de celui qui veut établir une
couche à Champignons consiste à se procurer de
bon fumier. On place en première ligne celui d'âne,
puis celui de mulet. Le fumier de cheval, qui ne
vient qu'en troisième rang, est néanmoins presque
exclusivement employé, à cause de la rareté des
deux autres. Le meilleur est celui qui, par un plus
long séjour sous les animaux, contient le plus de
crottin, et par conséquent de matières azotées et
ammoniacales. S'il était trop nouveau, il faudrait
le mettre en tas, le débarrasser des pailles trop
longues et activer sa fermentation en le retournant
et l'arrosant plusieurs fois. Au bout de quelque
temps, il acquiert les qualités convenables; il est
lié, court, bien onctueux; sa teinte est un peu noire:
c'est alors seulement qu'il faut l'employer. Le fumier trop sec ou trop humide est impropre à la
préparation des couches: dans le premier cas, il
est facile, par des arrosements, de lui donner
l'humidité voulue; mais, s'il offre le défaut
contraire, on doit le rejeter. Il faut toujours avoir
une bonne provision de fumier, si l'on veut avoir

des Champignons toute l'année, ce qui oblige à faire tous les mois une nouvelle couche.

Le sol doit être bien nivelé ; on le piétine pour le rendre plus dur ; un sol trop humide doit être évité. On préfère les endroits non pavés ; s'ils le sont, on commence par former une couche de plâtras ou de terre de 25 à 30 centimètres d'épaisseur sur 1 mètre de largeur ; on la tasse, afin d'en interdire l'accès aux rats, mulots et souris.

On étend ensuite le fumier sur une épaisseur qui varie, selon les diverses méthodes, depuis 15 jusqu'à 80 centimètres ; on le bat bien, puis on met d'espace en espace, à 20 ou 25 centimètres de distance, des morceaux de blanc de Champignon pris dans une bonne couche en activité, ou même conservé à l'ombre, dans une cave ; on a soin de l'enfoncer légèrement, de le recouvrir un peu et de le serrer avec le dos de la main. Cette opération s'appelle *larder* la couche ou la meule, et les morceaux de blanc dont on se sert portent le nom de *mises* ou de *galettes*. Le *gobetage* consiste à répandre sur la couche lardée une couche de terre meuble et très fine d'environ 3 centimètres, que l'on bat ensuite avec le dos d'une pelle, ce qui constitue le *talochage*.

Une couche ainsi établie ne tarde pas à produire, pour peu qu'on l'arrose (ce qui doit se faire, surtout en été) et qu'elle ait une chaleur convenable, de 21 à 28 degrés. Lorsqu'on récolte les Champignons, ce qui peut se faire tous les trois ou quatre jours, on doit avoir soin de tordre légèrement le pédicule, avant de les arracher, afin de laisser le mycélium intact. Une bonne couche dure quatre mois, et quelquefois plus. Pour entretenir sa fécondité, on conseille de l'arroser avec l'eau qui a servi à laver les Champignons récoltés, et de laisser, de temps à autre, sécher sur pied quelques individus arrivés à leur maturité parfaite.

Lorsqu'une couche s'épuise, on renouvelle le fumier ; et lorsqu'enfin elle a fini de rapporter, on met à part le blanc qui s'y trouve, dont on se sert pour larder des couches nouvelles.

Quant au fumier qui a servi à la confection des meules, bien qu'il ait perdu une partie de ses matières fertilisantes, on doit néanmoins, au lieu de le laisser perdre, l'utiliser pour la culture ; on peut le revendre à peu près la moitié de ce qu'il a coûté.

On cultive aussi les Champignons de couche en plein air, et l'on obtient même par ce moyen des produits plus savoureux. Mais cette culture exige plus de soins. On choisira autant que possible un lieu abrité des grandes pluies, exposé au nord et ombragé par de grands arbres. Si cette dernière circonstance n'existe pas, on peut y suppléer par un abri artificiel de planches ou de branchages. On évitera toujours avec soin l'excès d'humidité. La couche ou la meule étant établie, lardée, gobetée et talochée, comme nous venons de le voir, on la recouvre d'un lit de 8 à 10 centimètres de fumier non consommé, que l'on nomme *chemise*. M. Salle conseille pour cet usage l'emploi de la mousse, surtout celle qui croît sur les arbres; elle est bien préférable à la paille, et convient surtout pour les couches ou meules faites dans les greniers, halliers, hangars et autres endroits très secs. Le but de la chemise est de procurer aux Champignons les deux qualités que possèdent les caves, l'obscurité et la fraîcheur. Aussi doit-on avoir soin de remettre la chemise sur la couche, après chaque récolte. Les couches en plein air se font d'ordinaire en juillet jusqu'à l'époque des gelées.

On peut aussi cultiver les Champignons dans les couches à melon ou bien dans les planches d'ognons, de radis, de salades, etc. Il suffit d'y étendre un lit de fumier préparé comme nous l'avons dit; on aura ainsi une abondante récolte de Champignons, qui ne nuira en rien à celle des plantes potagères.

Les Champignons, surtout ceux qui sont cultivés dans un endroit obscur, sont sujets à plusieurs maladies, dont la plus commune est la *mole*. Cette affection, causée par la privation d'air et l'excès de chaleur, s'oppose au développement normal du Champignon, qui prend une forme bizarre et une consistance pâteuse. Il conserve néanmoins dans cet état sa couleur et son odeur ordinaires, mais il n'en est pas plus mangeable. Quand une meule est affectée de cette maladie, on doit la détruire et rejeter le fumier.

On donne le nom de *rouille* à des taches brunes qui se développent sur le Champignon, et qui sont causées par un excès d'humidité.

M. d'Hooghvorst a imaginé de cultiver les Champignons dans les appartements, les cages d'escalier, les cuisines et les écuries. Pour les premiers, il dispose ses couches dans des tiroirs de bois de sapin ; il n'emploie que de la bouse de vache séchée, fortement humectée avec de l'eau nitrée, et tassée avec les pieds à la hauteur de 11 centimètres environ, toujours en y mêlant un peu de terre jetée à la main. Il sème ensuite le blanc, sans le briser trop, avec un peu de terre et de bouse de vache, de manière à former une couche de 5 centimètres seulement ; après l'avoir tassé, il recouvre le tout de 3 centimètres de terre. Il pense que la hauteur totale de 19 centimètres n'est peut-être pas nécessaire. Quand les couches sont épuisées, on les traite comme nous l'avons déjà dit. Cet appareil ne donne pas d'odeur sensible

Dans les écuries, local très avantageux, on suppose une bibliothèque avec des rayons de 65 centimètres de profondeur au moins, selon la place dont on dispose, et séparés les uns des autres de 70 centimètres; une planche de 27 centimètres clouée à celle qui forme le rayon laisse au-dessus un jour de 43 centimètres, qui est nécessaire pour arroser et donner les soins convenables. On met dans cette sorte de caisse 16 centimètres de bon fumier de cheval et 8 centimètres de bouse de vache nitrée, le tout recouvert de 3 centimètres de terre. L'appareil se trouve fermé par un rideau de grosse toile. De cette manière, on peut avoir six couches à Champignons dans une hauteur de 4 à 5 mètres, la largeur étant indéterminée.

Il est probable qu'en répétant les expériences, on parviendra à cultiver un grand nombre d'espèces. C'est pour cela que nous croyons devoir rapporter tous les faits connus qui concernent cette culture.

Les anciens, qui connaissaient nos couches, avaient encore trois procédés. Le premier consistait à arroser souvent une souche de figuier couverte de fumier ou un amas de cendres de végétaux; le second, à abreuver une souche de peuplier noir d'un mélange de vin et d'eau; le troisième, à arroser fréquemment le sol avec de l'eau dans laquelle on avait fait bouillir des baies de laurier.

Ces procédés ne propageaient pas précisément les Champignons, mais ils facilitaient leur propagation en réalisant les circonstances favorables. Plus tard, Micheli a obtenu des Agarics en répandant leur poussière séminale sur un tas de feuilles de chêne vert en décomposition, et ses expériences ont été confirmées depuis par les résultats plus ou moins heureux de quelques naturalistes.

Thore nous a appris la manière dont on cultive dans les Landes l'Agaric palomet et le Bolet comestible. « Pour cela, dit-il, on se contente d'arroser la terre d'un bosquet planté de chênes avec de l'eau dans laquelle on a fait bouillir une grande quantité de ces deux espèces de Champignons. La culture n'exige d'autres soins que d'éloigner de ce lieu les chevaux, les porcs et toute espèce de bêtes à cornes, qui sont très friandes de ces deux plantes : ce moyen ne manque jamais de réussir. Nous laissons aux physiciens à nous expliquer pourquoi l'ébullition n'a pas fait mourir les germes. »

D'après le père Cibot, les Chinois se procurent plusieurs espèces en mettant dans un bon sol et à une exposition convenable des morceaux d'écorces et de bois pourris de peuplier, d'orme, de châtaignier, de mûrier, etc. On peut propager par un moyen analogue l'Agaric atténué. M. Desvaux le cultive avec succès depuis 1828. Pour cela, il enterre légèrement, dans un lieu découvert et humide, des rondelles de peuplier de 3 à 4 centimètres d'épaisseur, dont la face supérieure a été frottée avec les lames de cet Agaric. Cette opération, qui se fait au printemps, est suivie, à l'automne, d'une abondante récolte de Champignons. Si le temps était très sec, il faudrait arroser légèrement. Dans tout l'ouest de la France, cette espèce couvre après la moisson les champs cultivés, surtout s'ils ont été fumés l'année précédente.

On peut encore, quand les Champignons croissent dans certaines localités, enlever la terre avec le mycélium qu'elle renferme, et la repiquer dans des circonstances semblables. C'est un moyen qui a parfaitement réussi à M. le docteur Léveillé pour se procurer abondamment le Mousseron. On cite encore plusieurs espèces de Coprins, qui, transportées dans un lieu frais avec un peu de la terre sur laquelle elles croissent, ont continué à se développer.

On vend en Italie des blocs de pierre appelés *pietra fungaja* (pierre à Champignons); ils ont souvent plus d'un pied de diamètre. En les examinant avec soin, on voit qu'ils se composent de terre durcie, mélangée avec des ramifications noires qu'on a reconnues être le mycélium d'une espèce de Bolet fort recherché à Naples et dans d'autres pays, le *Boletus tuberaster*. Ces pierres, mises dans une cave et arrosées, donnent, quand on le désire, du jour au lendemain, une récolte de Champignons. Ces blocs se vendent fort cher et sont exportés jusque dans le Nord ; mais là ils dégénèrent souvent, et, dans la plus grande partie de la France, une serre serait indispensable pour ce genre de culture.

Le hasard a fait aussi découvrir à Naples, d'après Tenore, que l'Agaric napolitain se développe sur le marc de café pourri et gardé dans un endroit humide pendant huit à dix mois. Aussi cette substance est-elle aujourd'hui recueillie avec soin dans la ville, où l'on cultive en grand cette espèce, qui est bonne à manger et d'un goût assez agréable.

Rumphius cite deux Agarics qu'on fait développer, à Amboine et dans les îles voisines, sur des tas formés de brous de noix muscades ou de débris pourris de sagoutier.

On n'a point encore essayé la culture de la Morille, qui paraît à M. Ysabeau présenter beaucoup de chances de succès. Cet habile cultivateur engage les amateurs à faire des essais sur couche, avec plus d'humidité qu'on n'en donne aux Champignons. On pourrait, d'après lui, en semer des fragments ou employer les germes fibreux ramassés

3.

au pied des Morilles sauvages pendant le mois de juin. L'*Encyclopédie d'horticulture de Loudon* cite, mais sans aucun détail, un jardinier, M. Lightfoot, qui aurait obtenu des Morilles de *semences*.

Quant à la Truffe, elle paraît avoir été depuis longtemps l'objet d'essais de culture. François Van Sterbeeck, dans son ouvrage sur les Champignons publié en 1662, cite un auteur plus ancien que lui, Tack, pour une méthode de semer la Truffe qui ne diffère pas sensiblement de celle que Bornholz a proposée de nos jours. Lui-même a fait des essais qui ont été répétés de diverses manières à des époques différentes.

On a essayé d'établir des truffières artificielles, en transportant dans une tranchée creusée dans un jardin, à une exposition semblable à celle qui convient aux Truffes, de la terre recueillie dans une truffière naturelle, et que l'on pense contenir des germes de ces Champignons. Ces essais n'ont pas toujours été couronnés de succès, parce qu'on n'a pas toujours étudié avec soin, dans les localités à Truffes, les conditions du sol qui en favorisent le développement ; or, c'est là qu'est toute la difficulté. Les Truffes exigent un humus de nature spéciale, par exemple le terreau de feuilles de chêne ou de charme mêlé à un sol argilo-calcaire.

Nous citerons ici un fait rapporté par Roques,

dans son *Traité des Champignons :* « M. de Noé fit nettoyer dans son parc un terrain sous des charmes et des chênes, et y fit déposer des épluchures et des résidus de Truffes qui furent recouverts de terreau et de feuilles mortes. L'année suivante, on oublia d'examiner si l'essai avait réussi ; mais la seconde année on s'aperçut que le sol était soulevé dans l'endroit même où l'on avait semé des Truffes ; on fouilla légèrement le terrain, et les Truffes parurent tout de suite près de la surface ; elles étaient noires, chagrinées et de bon goût. »

Nous passerons sous silence les essais faits par divers horticulteurs, ainsi que les procédés indiqués par Bornholz ; ceux-ci peuvent être bons, mais ils sont trop dispendieux dans la plupart des cas.

Aujourd'hui on reconnaît que pour cultiver la Truffe avec quelque chance de succès, il faut commencer par réaliser les conditions de sol, d'exposition, d'habitation, en un mot, dans lesquelles elle végète ; on en favorise ainsi la reproduction naturelle. On a obtenu par ce moyen d'heureux résultats dans le département de la Vienne.

« On savait déjà, dit M. Delastre (*Aperçu de la végétation du département de la Vienne*), que les Truffes ne se rencontrent que dans les terrains graveleux et de formation calcaire ; qu'elles préfèrent surtout un sol chaud et aride où la végétation soit peu active, et que leurs propagules ne se propagent bien que dans le voisinage des racines les plus déliées de certains arbres, tels que le chêne, le charme et le noisetier. On avait remarqué aussi qu'à mesure que ces arbres devenaient plus robustes, la récolte des Truffes allait en décroissant, et qu'elle était à peu près nulle lorsque le taillis plus fort pouvait être mis en coupe réglée. On fut donc conduit tout naturellement à essayer des semis de chêne dans les terrains les plus favorables à ce précieux tubercule.

» Le sol, formé de quelques pouces d'une terre argilo-ferrugineuse à peu près stérile, et contenant, sur 1000 parties, environ 500 de calcaire, 325 d'argile et de fer, 150 de sable quartzeux, et 25 tout au plus de terre végétale proprement dite, n'offrait que peu de chances de réussite aux semis qui y étaient tentés. On s'inquiéta peu néanmoins de ces difficultés, puisque tout faisait présumer avec raison que le cultivateur se trouverait largement indemnisé par le produit des Truffes, qui ne nécessitent aucuns frais d'exploitation, du retard qu'il pourrait éprouver dans l'aménagement de ses taillis.

» Ces prévisions se sont complétement réalisées, et aujourd'hui certains propriétaires font des semis réglés de chênes, calculés de façon à en avoir chaque année quelques portions à exploiter comme truffières. Il faut ordinairement de six à dix ans pour qu'une truffière soit en rapport. Elle conserve sa fertilité pendant vingt, trente années, suivant que le chêne prospère plus ou moins. Lorsque les taillis ont acquis une certaine vigueur et que leurs rameaux entrecroisés ne permettent plus au sol ombragé de recevoir l'influence fécondante du soleil et des variations successives de l'atmosphère, alors le foyer s'éteint peu à peu ; mais le pays y a gagné de voir convertir en bosquets multipliés des plaines désolées et jusque-là improductives. »

CHAPITRE VIII.

Des Champignons vénéneux.— Effets et traitement.

Tous les Champignons vénéneux exercent sur l'économie animale une action plus ou moins fâcheuse, mais qui varie selon les espèces. Il n'y a pas sous ce rapport de ligne de démarcation bien tranchée entre les bons et les mauvais Champignons ; quelques-uns sont sur la limite, et on les appelle *suspects*. L'âge, le tempérament des personnes, le mode de préparation des Champignons, le temps depuis lequel ils ont été apprêtés, la quantité mangée, etc., influent puissamment sur leurs propriétés. L'imagination joue quelquefois aussi un très grand rôle. On cite des cas nombreux de personnes ayant éprouvé des symptômes d'empoisonnement pour avoir mangé de très petites quantités de Champignons que d'autres personnes avaient consommés en abondance sans rien éprouver. Dans la plupart des cas, la peur seule a causé tout le mal.

Certaines espèces, mangées même en quantité considérable, déterminent seulement du malaise, de la pesanteur, du gonflement ; d'autres produisent de la faiblesse, de la stupeur et un délire passager. Mais il en est malheureusement un trop grand nombre qui sont des poisons très subtils, agissant à la manière des poisons âcres narcotiques, et excitant dans toute l'économie une irritation violente et une inflammation qui dégénère promptement en gangrène, ce qui a lieu surtout dans toute la longueur du canal digestif. Nous laisserons parler ici le savant Parmentier, qui a tracé un tableau d'une vérité effrayante des symptômes de cet empoisonnement :

« Les personnes qui ont mangé des Champignons malfaisants éprouvent plus ou moins promptement tous les accidents qui caractérisent un poison âcre stupéfiant, savoir : des nausées, des envies de vomir, des efforts sans vomissement avec défaillance, anxiétés, sentiment de suffocation, d'oppression ; souvent ardeur avec soif, constriction à la gorge, toujours avec douleur à la région de l'estomac, quelquefois des vomissements fréquents et violents, des déjections alvines, selles ou garderobes abondantes, noirâtres, sanguinolentes, accompagnées de coliques, de ténesme , de gonflement et tension douloureuse du ventre. D'autres fois, au contraire, il y a rétention de toutes les évacuations, rétraction et enfoncement de l'ombilic.

» A ces premiers symptômes se joignent bientôt des vertiges, la pesanteur de la tête, la stupeur, le délire, l'assoupissement, la léthargie, des crampes douloureuses , des convulsions aux membres et à la face, le froid des extrémités et la faiblesse du pouls. La mort vient ordinairement terminer en deux ou trois jours cette scène de douleur (1).

» La marche , le développement des accidents, présentent quelque différence. Quelquefois ils se déclarent peu de temps après le repas ; le plus souvent , ce n'est qu'après dix ou douze heures. »

D'après M. Orfila, il s'écoule quelquefois seize

---

(1) Cette mort est souvent prévue et annoncée par le malade lui-même, qui n'a pas perdu un seul instant l'usage de ses sens. (Orfila.)

heures et même vingt-quatre, sans qu'on éprouve aucun symptôme.

Nausées et vomissements ; — défaillances, anxiétés et état de stupeur ; — enfin, convulsions et mort : tels sont donc, en résumé, les symptômes de l'empoisonnement par les Champignons.

Voyons maintenant quels sont les secours à donner en attendant l'arrivée du médecin.

Avant tout, on doit s'empresser de faire rejeter le poison à l'aide d'un vomitif ou mieux d'un vomi-purgatif. Pour cela, on fera dissoudre dans 500 grammes d'eau chaude 25 centigrammes d'é-métique, avec 15 grammes de sulfate de soude (sel de Glauber) : on peut remplacer l'émétique par 12 décigrammes d'ipécacuanha, et le sulfate de soude par ceux de potasse ou de magnésie. On administrera cette solution par verrées tièdes, plus ou moins rapprochées, en augmentant les doses jusqu'à ce qu'elles aient amené des évacuations. On aide au vomissement en faisant boire de l'eau tiède au malade.

Mais comme on n'a pas toujours sous la main les substances citées, on devra essayer, pendant le temps qu'on mettra à se les procurer, de faire vomir le malade en chatouillant le fond de la gorge avec le doigt ou avec les barbes d'une plume en-duite d'huile ; on peut faire fumer un peu les personnes qui n'en ont pas l'habitude, ou donner une décoction d'une pincée de tabac dans 250 grammes (un quart de litre) d'eau.

Ces moyens suffisent dans la plupart des cas pour expulser le poison par le haut et par le bas ; mais il faut qu'ils soient employés promptement. Quelquefois même, le Champignon, en provoquant des vomissements, devient son remède à lui-même.

Mais, si les secours convenables ont été différés, ou si les accidents ne se sont manifestés que quelques heures après le repas, on doit présumer qu'une partie des Champignons a passé dans l'intestin. Il faut alors recourir aux purgatifs, aux lavements faits avec la casse, le séné et le sulfate de magnésie (sel d'Epsom), ou, à défaut, avec une forte décoction de tabac. On emploiera de préférence, comme purgatif, une potion faite avec l'huile de ricin et le sirop de fleur de pêcher (qu'on peut remplacer par le sirop de nerprun), aromatisée avec quelques gouttes d'éther alcoolisé (liqueur d'Hoffmann); on fera prendre cette potion par cuillerée, de demi-heure en demi-heure. La même potion devra être administrée après le vomissement.

Quand le poison a été évacué, il faut s'occuper de calmer les douleurs, l'irritation qu'il a produites.

On emploie dans ce but les remèdes mucilagineux, adoucissants, que l'on associe aux fortifiants et aux sédatifs : ainsi on prescrit ordinairement l'eau de riz gommée, une légère infusion de fleurs de sureau coupée avec du lait et un peu d'eau de fleur d'oranger, d'eau de menthe simple et de siróp. On se trouve bien aussi de l'emploi des émulsions, des potions huileuses aromatiques, avec un peu d'éther sulfurique. On sera forcé, dans certains cas, de recourir aux toniques, aux potions camphrées.

S'il y a fièvre intense, tension douloureuse du bas-ventre, langue sèche, soif extrême et chaleur brûlante à la peau, dans la bouche et dans la gorge, c'est signe que l'inflammation a déjà fait des progrès rapides : il serait imprudent alors d'administrer des purgatifs irritants ; il faudra employer dans ce cas les fomentations émollientes, quelquefois même les bains, les saignées, etc. Mais l'usage de ces moyens ne peut être déterminé que par le médecin, qui les modifiera suivant les circonstances particulières. *Car l'efficacité du traitement*, dit encore Parmentier, *consiste essentiellement, non pas dans des spécifiques ou antidotes avec lesquels on abuse si souvent le public, mais dans l'application faite à propos de remèdes simples et généralement bien connus.*

Lorsque tous ces symptômes seront dissipés, on fera usage des fortifiants, tels que le quinquina, le lait, etc.

Nous savons que le vinaigre, le sel commun et l'éther sulfurique dissolvent très facilement le principe vénéneux ; il serait donc très imprudent de les administrer avant l'entière expulsion du Champignon ; on ne ferait que contribuer à répandre plus promptement le poison dans toute l'économie.

Les convalescences sont ordinairement fort longues ; il ne pourrait guère en être autrement après un trouble aussi grave apporté dans l'économie. On proscrira les aliments excitants, les épices, les crudités, les liqueurs fortes, etc. ; on ne donnera au malade que des aliments de facile digestion. Mais nous n'entrerons pas ici dans de plus amples détails, qui appartiendraient plus exclusivement au domaine de la médecine.

SECONDE PARTIE.

ÉTUDE DES ESPÈCES.

GENRE I.

AMANITA. — AMANITE.

Champignon renfermé, pendant son jeune âge, dans une volva qui persiste à la base du pédicule Chapeau charnu, d'abord campanulé, puis presque plan, le plus souvent couvert de verrues, qui sont des débris de la volva. Lames rayonnantes, nombreuses, libres, serrées. Pédicule allongé, nu ou muni d'un anneau.

Les Amanites sont considérées par M. Léveillé comme des Champignons dont l'organisation est portée au plus haut degré. Elles renferment les espèces les plus recherchées pour la table, ainsi que les plus vénéneuses. Celles qui ont une volva complète, lâche, et un chapeau strié au bord et se pelant facilement, sont alimentaires; toutes les autres sont malfaisantes. Ces dernières ont, en général, une odeur de moisi.

1. *A. aurantiaca*, Pers. Oronge. (Pl. I, fig. 1.) —Ce Champignon, dans sa jeunesse, est complétement enveloppé dans une volva blanche, comme un œuf dans sa coquille. Plus tard, celle-ci se déchire et persiste à la base du pédicule. L'Oronge a un chapeau rouge ou jaune, presque plan, lisse, strié aux bords, qui se fendent et se roulent un peu en dessous ; des lames très larges, jaunes, inégales, sinuées, frangées, non adhérentes au pédicule. Celui-ci est large, épais, toujours plein, bulbeux, jaune au dehors, blanc au dedans, lisse, portant un anneau jaune, renversé.

La variété à chapeau jaune est une espèce pour quelques auteurs, sous le nom d'*A. cæsarea*. On l'appelle vulgairement *Oronge jaune*.

L'Oronge croît dans les bois, surtout dans ceux de pins, à la fin de l'été et en automne. Son odeur est très agréable. C'est un Champignon délicieux, et celui dont il se fait la plus grande consommation après le Champignon de couche. C'est bien à tort que quelques auteurs le regardent comme vénéneux ; ils auront sans doute pris pour l'Oronge une variété de la fausse Oronge dont le chapeau est sans verrues.

Plusieurs Champignons bulbeux et malfaisants

ont une ressemblance plus ou moins grande avec l'Oronge ; mais les uns sont couverts de verrues ou d'un enduit visqueux, les autres ont une couleur livide, une odeur désagréable, et leur seule vue les fait rejeter. Le plus dangereux est la fausse Oronge ; comme on les confond trop souvent, nous mettrons ici en regard les caractères qui les distinguent :

ORONGE, COMESTIBLE.	FAUSSE ORONGE, VÉNÉNEUSE.
Volva complète.	Volva incomplète.
Chapeau lisse, sans verrues ni enduit visqueux, strié sur les bords.	Chapeau couvert de verrues blanches (1), un peu visqueux, non strié sur les bords.
Feuillets jaunes.	Feuillets blancs.
Pédicule jaune, lisse.	Pédicule blanc, un peu écailleux.

2. *A. alba*, Pers. (*Agaricus ovoideus*, Bulliard). Oronge blanche, Coquemelle. — Avant son développement, on pourrait la confondre avec l'oronge ; plus tard elle s'en distingue en ce qu'elle est blanche dans toutes ses parties, sauf les feuillets qui sont roses. Son pédicule est peu ou point renflé à la base ; son chapeau est à peine strié sur les bords ; son anneau est plus lâche.

On trouve cette espèce dans les forêts de chênes, en automne, surtout dans le midi de la France. Elle

---

(1) Ce caractère manque quelquefois ; le chapeau est dépourvu de verrues dans quelques individus.

PL. 1. 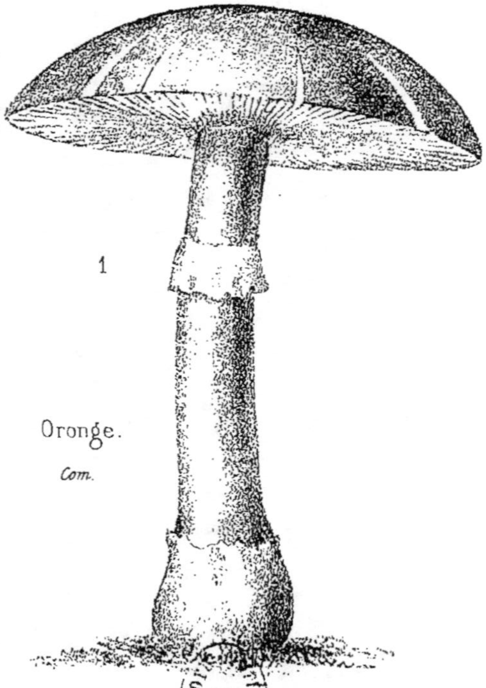
1
Oronge.
Com. 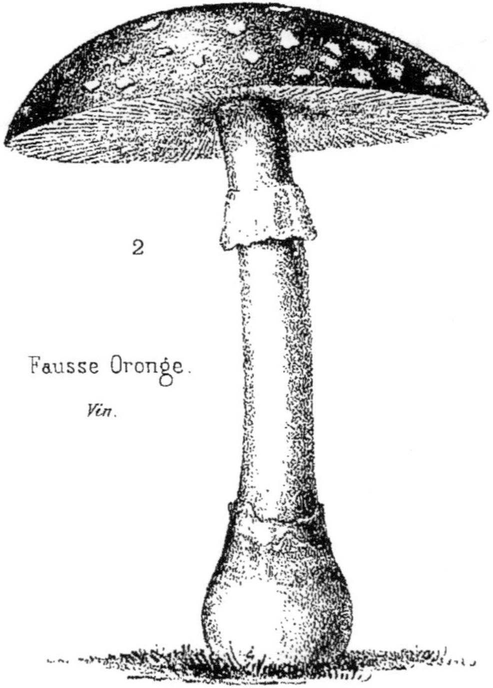
2
Fausse Oronge.
Vin.

est aussi délicate et aussi recherchée que la précédente. On ne pourrait guère la confondre qu'avec l'Amanite vénéneuse ; mais celle-ci a les feuillets blancs, le pédicule très renflé à la base, et une odeur désagréable.

3. *A. vaginata*, Pers. Agaric engaîné, Coucoumelle jaune ou grise.—Grande espèce, de taille et de couleur très variables. Chapeau blanc, gris ou jaune rouge, d'abord globuleux, puis plan, strié sur les bords. Volva complète, grise ou verdâtre. Lames inégales, blanches, non adhérentes au pédicule. Celui-ci est nu, sans anneau, glabre, fistuleux, muni à sa base d'une gaîne formée par la volva persistante.

Cette espèce croît en automne, sur la lisière des bois. Elle est comestible, et se vend sur le marché de Montpellier.

4. *A. venenosa*, Pers. (*Agaricus bulbosus*. Bull.). Amanite vénéneuse, Agaric bulbeux, Oronge ciguë. (Pl. II, fig. 1.)—Pédicule long d'environ 1 décimètre, blanc, cylindrique, d'abord spongieux à l'intérieur, fistuleux plus tard, toujours renflé à la base en un bulbe court, entouré par la volva. Anneau très régulier, très entier, humide à sa superficie, large, jaune ou blanc, ordinairement rabattu. Chapeau large de 6 à 8 centimètres, convexe, charnu, luisant, humide, non strié sur les bords ;

de couleur blanche, jaune-citron, vert-olive ou grisâtre, quelquefois roussâtre, souvent couvert des
débris de la volva. Lames nombreuses, inégales,
blanches, larges, surtout au sommet, non adhérentes au pédicule.

Cette espèce présente trois variétés remarquables, que quelques auteurs regardent comme autant d'espèces distinctes :

a. *Alba*, blanche (*Am. bulbosa alba*, Pers.,
Agaricus bulbosus vernus, Bull. *Ag. vernalis*,
Bolt.). Oronge ciguë blanche.

b. *Citrina*, jaune (*Am. citrina*, Pers., *Ag.
bulbosus*, Bull.). Oronge ciguë jaune ou jaunâtre.

c. *Viridis*, verte (*Am. viridis*, Pers., *Ag.
bulbosus*, Bull.). Oronge ciguë verte.

L'Amanite vénéneuse croît solitaire, dans les
bois humides et ombragés, au printemps et à l'automne. Son odeur est nauséabonde et son arrière-
goût désagréable. Elle se décompose en vieillissant, et répand alors une odeur cadavéreuse. C'est
un poison très violent, et qui cause presque tous
les accidents mortels dont on entend parler chaque
année ; elle a malheureusement beaucoup de ressemblance, surtout la variété blanche, avec le
Champignon de couche ; on les distingue aux caractères suivants :

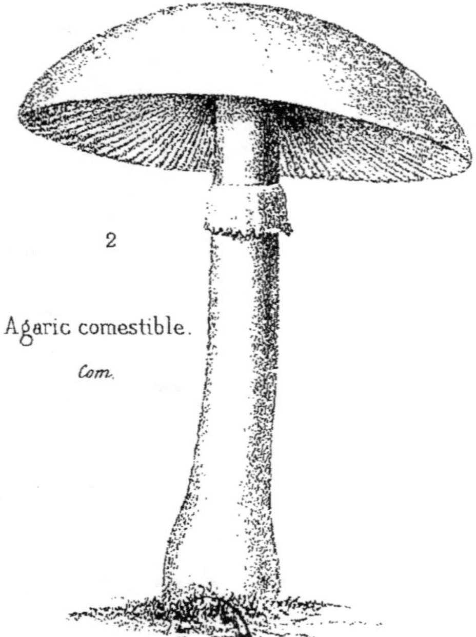

2

Agaric comestible.

Com.

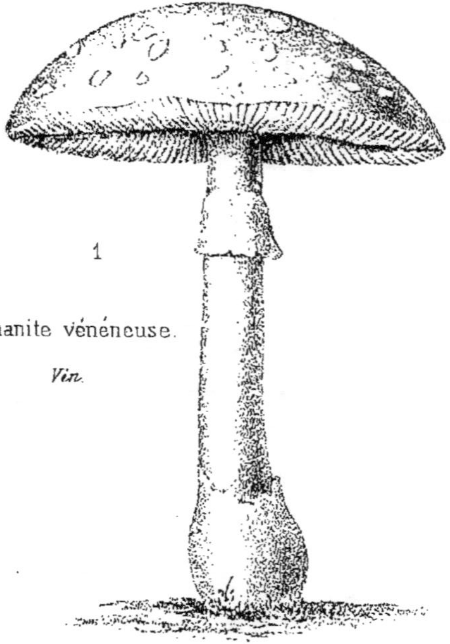

1

Amanite vénéneuse.

Vin.

AGARIC COMESTIBLE.	AMANITE VÉNÉNEUSE.
Chapeau uni, se pelant facilement, non visqueux.	Chapeau souvent verruqueux, un peu visqueux, ne se pelant pas.
Lames rosées, devenant noirâtres en vieillissant.	Lames toujours blanches.
Anneau à bords déchiquetés.	Anneau à bords entiers.
Pédicule non renflé à la base.	Pédicule bulbeux à la base.
Point de volva.	Volva entourant la base du pédicule.
Odeur et saveur agréables.	Odeur et saveur désagréables.
Cultivé, ou croissant spontanément dans les lieux découverts.	Croissant spontanément dans les bois humides et ombragés.

5. *A. leiocephala*, DC. Amanite à tête lisse. — Espèce entièrement blanche, à volva grande. Pédicule épais à la base, court, charnu, dépourvu d'anneau. Chapeau d'environ 2 décimètres de diamètre, d'abord convexe, puis plan, arrondi. Lames nombreuses, inégales, non adhérentes au pédicule.

Ce Champignon a une odeur agréable, une chair ferme, une surface sèche, lisse et satinée en dessus. Il ressemble à l'Oronge blanche, et se vend au marché de Montpellier comme comestible. Son odeur agréable et l'absence d'anneau le font aisément distinguer de l'Amanite vénéneuse, avec lequel on pourrait le confondre au premier aspect.

6. *A. rubescens*, Pers. Amanite rougeâtre, Golmelle, Golmotte. — Volva incomplète. Pédicule

bulbeux à la base, presque cylindrique, long de 12 centimètres environ, ordinairement fistuleux, rougeâtre, ayant à peine à sa base quelques vestiges de volva. Anneau large, de même couleur, portant ordinairement l'empreinte des feuillets. Chapeau convexe, puis presque plan, large de 1 décimètre environ, rouge, un peu écailleux. Lames nombreuses, inégales, larges, très blanches. Chair cassante, blanche, rougeâtre à la superficie.

On la trouve, ordinairement solitaire, dans les parties découvertes des bois, en été et en automne. Sa saveur, d'abord nulle, devient ensuite âcre et un peu salée. On en mange beaucoup en Lorraine.

7. *A. verrucosa*, Pers. Amanite à verrues, Golmelle ou Golmotte fausse. — Espèce semblable à la précédente, mais plus petite dans toutes ses parties. Pédicule long de 1 décimètre, ordinairement plein, d'un blanc rosé sale. Anneau mince, blanchâtre, rabattu. Chapeau large de 8 centimètres, convexe, puis un peu concave, d'un blanc jaunâtre mêlé de rose, à bords entiers, non striés, couvert de petites verrues très nombreuses, surtout au centre, généralement pointues. Chair blanche, rose à la superficie. Les lames et les autres caractères comme dans l'espèce précédente.

Elle croît dans les mêmes localités que l'Amanite rougeâtre, a une saveur styptique et pas d'odeur.

Elle est vénéneuse, et cause de fréquents accidents, à cause de sa ressemblance avec cette dernière ; elle ressemble aussi à la fausse Oronge.

La plupart des auteurs ont confondu les deux espèces précédentes, dont les propriétés sont si diverses, en une seule qu'ils ont appelée *Amanita verrucosa* ou *aspera*. Il n'est pas étonnant que cette prétendue espèce soit regardée comme excellente par les uns, comme vénéneuse par les autres. Ces contradictions s'expliquent facilement.

8. *A. procera*, Pers. (*Agaricus solitarius*, Bull.). Agaric solitaire. — Grande et belle espèce, dépassant quelquefois 3 décimètres de haut. Volva incomplète. Chapeau convexe et régulier, blanc sale, couvert de verrues. Lames larges, inégales, blanches, très peu adhérentes au chapeau. Pédicule long, plein, épais, charnu, lisse, à base très grosse, raboteuse, couverte d'écailles, débris de la volva. Anneau membraneux, large, rabattu. Chair blanche et ferme.

Ce beau Champignon croît solitaire, en été, sur les pelouses et dans les bois peu épais. Il est comestible ; sa chair a un excellent goût, surtout quand on la mange cuite sur le gril avec du beurre et du sel. Dans quelques pays on le regarde comme vénéneux ; sans doute on le confond avec d'autres espèces.

9. *A. muscaria*, Pers. (*Agaricus pseudo-aurantiacus*, Bull.). Fausse Oronge. (Pl. I, fig. 2.)— Grande et très belle espèce. Chapeau d'un beau rouge, un peu visqueux, ayant 12 à 16 centimètres de diamètre, non strié sur les bords, ordinairement couvert de verrues blanchâtres peu nombreuses. Lames larges, inégales, blanches, non adhérentes. Pédicule long de 12 à 16 centimètres, cylindrique, blanc, un peu écailleux, renflé en bulbe à la base. Anneau large, blanc, membraneux. Volva incomplète. Chair jaune sous la peau, blanche vers les feuillets.

La fausse Oronge est commune, en automne, dans les bois. Son odeur n'est pas désagréable, mais sa saveur est un peu astringente. Elle est très vénéneuse. Il y en a une variété, dont le chapeau est dépourvu de verrues, que l'on pourrait confondre avec l'Oronge vraie; mais celle-ci a les lames jaunes, et la fausse Oronge les a blanches. Nous ne pouvons du reste que renvoyer au tableau tracé ci-dessus (page 58) des caractères distinctifs de ces deux espèces.

GENRE II.

AGARICUS. — AGARIC.

Champignon dépourvu de volva. Chapeau lamelleux en dessous, ordinairement porté sur un pédicule. Lames simples, parallèles, généralement libres, rayonnant du centre à la circonférence et présentant vers celle-ci des lames plus courtes entremêlées.

Ce genre partage avec le précédent la propriété de renfermer des aliments très recherchés et des poisons violents. Ces derniers, qui sont au nombre des Champignons les plus vénéneux, ont l'odeur de moisi des Amanites malfaisantes. Ce genre est très nombreux en espèces; et, pour en faciliter l'étude, nous adopterons les dix sections suivantes, établies par Persoon et admises par M. Léveillé.

A. *Lepiota.* — Lépiote.

Pédicule central, muni d'un anneau membraneux, persistant. Lames inégales, dépourvues de sucs, ne noircissant pas en vieillissant, couvertes d'une membrane dans leur jeune âge.

1. *Agaricus procerus*, Pers. (*A. colubrinus*, Bull.). Couleuvrée, Cormelle, Parasol.—Grande et belle espèce, à chapeau d'abord ovoïde, puis étalé,

brun clair, couvert d'écailles brunâtres formées par l'épiderme qui se soulève. Lames blanches, larges, inégales, n'adhérant pas au pédicule, qui est creux, presque cylindrique, très renflé à la base. Anneau large, mobile.

Ce Champignon, un des plus grands que l'on connaisse, croît, à la fin de l'été et en automne, dans les clairières, sur les lisières des bois et dans les champs sablonneux. Il est excellent et très recherché.

L'*A. excoriatus* de Schœffer est une variété plus tendre et plus délicate.

2. *A. clypeolarius*, Bull. Agaric en bouclier. — Plus petit que le précédent. Chapeau blanc, tacheté de roux. Lames comme dans le précédent, ondulées. Pédicule long, grêle, fistuleux, renflé aux deux extrémités. Anneau peu saillant, visible seulement sur les jeunes individus.

Croît dans les lieux ombragés des bois. Il a une consistance molle et une odeur désagréable. On le dit *vénéneux*. Quand il est très développé, on pourrait le confondre avec l'*A. procerus*.

3. *A. annularius*, Bull. (*A. polymyces*, Pers.). Tête de Méduse. — Pédicule cylindrique, fauve ou roux. Anneau large, en entonnoir. Chapeau convexe, ordinairement strié, fauve ou roux. Lames larges, inégales, blanches ou jaunes.

Croît en groupes très nombreux, en automne, dans les forêts. Il exhale par la cuisson une odeur très désagréable ; sa saveur est styptique. On le dit très vénéneux. Cependant quelques auteurs assurent qu'il est comestible ; peut-être la cuisson lui fait-elle perdre ses propriétés malfaisantes.

4. *A. attenuatus*, DC. Agaric atténué, Pivoulada dé Saouzé (à Montpellier). — Pédicule mince à la base, s'élargissant peu à peu jusqu'au sommet, courbé, blanchâtre, plein, charnu. Anneau brun fauve, rabattu, très voisin des lames. Chapeau convexe, charnu, sec, blanc sale ou roussâtre. Lames d'un brun fauve sale, inégales, adhérentes au pédicule. Chair blanche.

Croît dans le Midi, sur les vieux troncs de saule ; on le mange à Montpellier. Nous avons vu comment on peut le cultiver.

B. *Cortinaria*. — Cortinaire.

Pédicule souvent bulbeux. Anneau filamenteux et fugace. Chapeau le plus souvent charnu. Lames échancrées ou sinuées à leur bord interne, couvertes dans leur jeune âge d'une membrane incomplète.

On ne cite dans cette section aucune espèce vénéneuse ; mais un petit nombre seulement sont comestibles.

5. *A. castaneus*, Bull. Agaric châtain. — **Pé**-dicule mince, cylindrique, plein, blanc marron. Anneau peu visible. Chapeau campanulé, puis un peu concave, marron, peu charnu, à bords sinués et déchirés. Lames inégales, étroites, peu nom-breuses, n'atteignant pas le pédicule.

Ce petit Champignon est commun en automne, parmi les mousses, dans les forêts. Il est comes-tible et d'une saveur très agréable.

C. *Pratella*. — Pratelle.

Pédicule nu ou muni d'un anneau. Chapeau charnu ou presque membraneux, persistant. Lames nébuleuses et enfin noires.

Plusieurs espèces de ce groupe sont comes-tibles; aucune n'est vénéneuse.

6. *A. edulis*, Bull. Agaric comestible, Cham-pignon de couche. (Pl. II, fig. 2.) — Pédicule blanc, glabre, cylindrique, plein, épais, ordinaire-ment aminci à la base. Anneau à bords déchique-tés. Chapeau d'abord sphérique, puis convexe, jaune-paille, blanc ou d'un brun plus ou moins foncé, à épiderme se séparant facilement. Lames inégales, d'abord blanches ou roses, puis noirâ-tres, non adhérentes au pédicule, recouvertes dans leur jeune âge par une membrane complète. Chair blanche, ferme.

Ce Champignon croît dans tous les terrains, et on le cultive, sous le nom de Champignon de couche, dans presque toute l'Europe. Sa saveur et son odeur sont très agréables. C'est le seul dont on permette la vente sur les marchés de Paris. Il ne peut nuire que lorsqu'on en mange en trop grande quantité, ou qu'il est trop avancé.

Il y a une variété toute blanche, appelée *boule de neige*, avec laquelle on pourrait confondre l'Amanite vénéneuse. Mais l'Agaric comestible a une odeur et une saveur agréables, un anneau à bords déchiquetés, un chapeau se pelant facilement, et pas de volva. Nous renverrons, du reste, pour la distinction des deux espèces, au tableau page **61**.

D. *Coprinus*. — Coprin.

Pédicule blanc, nu ou muni d'un anneau. Chapeau membraneux ou à peine charnu, fugace. Lames noires, se fondant, à un âge avancé, en une eau noirâtre.

Sans être précisément vénéneux, comme le croyaient les anciens, ces Champignons sont tous rejetés, à cause de leur ténuité et de la prompte décomposition qu'ils éprouvent. Ils sont mous, translucides, fragiles, et durent à peine quelques jours.

7. *A. comatus*, Fries. (*A. typhoides*, Bull.).— Pédicule très long, un peu renflé à la base, creusé d'une cavité très large qui renferme un filet cotonneux. Anneau mobile. Chapeau charnu, conique, allongé, blanc, écailleux, se déchirant sur ses bords, quand il vieillit, en lanières qui se recourbent en dessus. Lames ramassées, blanches, puis rougeâtres, se fondant en une eau noirâtre.

Ce Champignon croît, à la fin de l'été, dans les jardins et les lieux humides. Il est comestible dans sa jeunesse. Vieux, on peut en faire de l'encre, comme de quelques autres coprins.

E. *Gymnopus*. — Gymnope.

Pédicule dépourvu d'anneau. Chapeau charnu, entier et convexe. Lames unicolores, marcescentes.

Cette section renferme le plus grand nombre des Champignons comestibles, et, s'il y en a quelques-uns de vénéneux, dit M. Léveillé, ils ont probablement été mal déterminés.

8. *A. albellus*, DC. Mousseron, Champignon muscat. — Champignon de taille moyenne, d'un blanc jaunâtre. Pédicule court, plein, très épais, légèrement renflé à la base. Chapeau d'abord sphérique, puis campanulé, épais, couvert d'une peau très sèche. Lames nombreuses, inégales, étroites, pointues aux deux extrémités.

Croît sur les pelouses sèches et les lisières des bois. C'est un des premiers Champignons qui paraissent au printemps. Sa saveur et son odeur sont des plus agréables ; celle-ci, qui rappelle le musc, se retrouve dans le Champignon sec ; et, comme d'ailleurs sa préparation est facile, on le conserve pour les usages culinaires. Aussi les habitants de la campagne se font-ils quelquefois un petit revenu de son produit.

9. *A. pileolarius*, Pers. (*A. nebularis*, Batsch.).— Pédicule épais, court, plein, renflé à la base, lisse, blanc grisâtre. Chapeau convexe, sec en dessus, gris roux. Lames jaunes grisâtres, inégales. Chair blanche, ferme.

Ce Champignon croît dans les bois à la fin de l'été. Son odeur et sa saveur sont agréables. Il est comestible.

10. *A. ficoides*, Bull. (*A. pratensis*, DC.).— Grande et belle espèce, à pédicule court, épais, plein, blanc, à base rouge fauve, ainsi que le chapeau, qui est glabre et sinueux. Lames jaunâtres, très saillantes, inégales, épaisses, distantes, débordant le chapeau.

Croît dans les prés et sur les pelouses. Il est alimentaire, et a la même saveur que le Champignon de couche.

11. *A. anisatus*, Pers. (*A. odorus*, Bull.). Aga-

ric odorant. — Pédicule dilaté au sommet, plein, blanc, ordinairement un peu courbé. Chapeau très large, verdâtre ou bleuâtre, sec. Lames blanches, inégales, décurrentes sur le chapeau.

Croît à la fin de l'été, sur les feuilles des bois. Il est comestible, et a un goût très agréable. Son parfum, qui rappelle celui de l'anis, disparaît malheureusement par la cuisson.

12. *A. sulfureus*, Bull. Agaric soufré. — Champignon offrant dans toutes ses parties la couleur du soufre fondu. Pédicule long, cylindrique, plein, glabre. Chapeau convexe, puis presque plan, sec en dessus. Lames larges, inégales, pointues.

Commun en automne, sur la terre des bois. Il a une odeur fétide, et passe pour vénéneux.

13. *A. russula*, Pers. Agaric russule. — Pédicule nu, blanc rosé, spongieux à l'intérieur. Chapeau rose rougeâtre, en général couvert de petites écailles. Lames blanches, épaisses, inégales. Chair ferme et cassante.

Il croît à terre, dans les bois. Il est alimentaire et d'une saveur agréable. On doit bien se garder de confondre avec cette espèce l'Agaric émétique, qui est vénéneux. Voyez les caractères de celui-ci (n° 25) dans la section des *Russula*.

14. *A. tortilis*, DC. (*A. pseudo-mousseron*, Bull.). Faux mousseron, Mousseron pied dur ou

d'automne, Mousseron Godaille ou de Dieppe. — Petite espèce, blanc jaunâtre ou rousse. Pédicule court, cylindrique, plein, un peu épais, se tordant par la dessiccation. Chapeau conique, peu charnu, à bords sinués. Lames inégales, plus larges à la base.

Commun sur les souches à la fin de l'été. Sa chair est savoureuse et d'une odeur agréable. Il se sèche et se conserve comme le vrai Mousseron.

15. *A. palomet*, DC., Palomet, Iraux-cher, Crusagne. — Pédicule nu, plein, cylindrique ou un peu renflé à la base. Chapeau d'abord convexe et régulier, puis un peu concave et irrégulier, vert grisâtre, blanc sale sur les bords, qui sont un peu striés. Lames blanches, très nombreuses, presque égales. Chair blanche et cassante.

On trouve cette espèce dans les bois et dans les friches ; on la cultive dans les Landes. Sa saveur et son odeur sont très agréables. Le Palomet est très bon à manger.

On ne pourrait confondre avec le Palomet que l'Agaric fourchu (section des *Russula*), qui s'en distingue aisément par sa saveur fade et nauséeuse dans la jeunesse, et plus tard salée et amère.

F. *Omphalia*. — Omphalie.

Pédicule central, nu. Chapeau entier, charnu ou

membraneux, déprimé au centre ou en entonnoir. Lames inégales.

On ne connaît jusqu'à présent dans ce groupe aucune espèce vénéneuse, ni même ayant un goût ou une odeur désagréable. On n'en cite que très peu de comestibles; mais il est probable que ce nombre augmenterait beaucoup, si l'on tentait quelques essais.

16. *A. virgineus*, DC. (*A. ericeus*, Bull.). Petite oreillette, Mousseron. — Petit Champignon blanc ou roux, mou ou sec. Pédicule nu, plein ou fistuleux, plus épais au sommet qu'à la base. Chapeau à bords roulés en dessous, quelquefois striés et translucides. Lames nombreuses, inégales.

Il croît, à la fin de l'été, dans les bruyères, les friches et les pâturages. Il est comestible, et a un goût agréable.

17. *A. infundibuliformis*, Bull. Agaric en entonnoir. — Pédicule plein ou fistuleux, blanc jaunâtre ou gris, cylindrique. Chapeau rougeâtre, à bords sinués. Lames inégales, pointues aux deux bouts.

Il est commun en automne sur les feuilles mortes. Il est comestible. Son odeur est agréable, quoique forte.

C'est encore à ce groupe qu'appartient l'Agaric

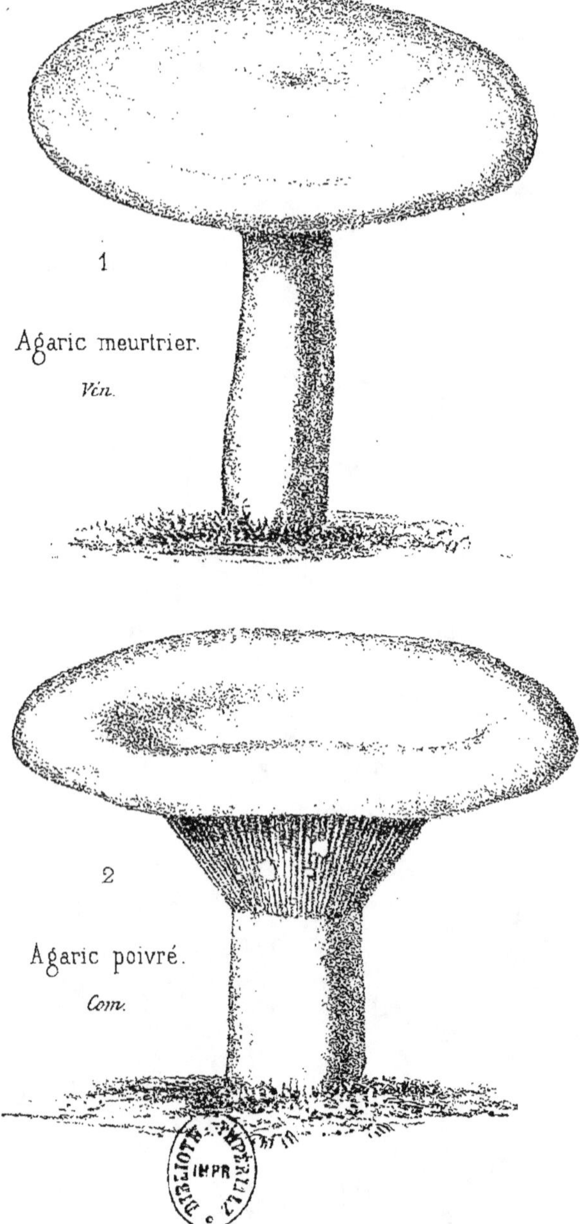

1

Agaric meurtrier.

Vén.

2

Agaric poivré.

Com.

napolitain, dont nous avons fait connaître la culture.

G. *Lactarius*. — Lactaire.

Chapeau charnu, ordinairement déprimé au
centre. Lames lactescentes.

Toutes les espèces de ce groupe laissent échapper, quand on les brise, un suc laiteux plus ou
moins abondant, âcre ou insipide, blanc ou coloré.
Elles sont généralement assez difficiles à distinguer; aussi les auteurs ont-ils des opinions fort
diverses sur les propriétés alimentaires ou vénéneuses.

On doit donc être très prudent dans leur
emploi, bien que l'ébullition fasse perdre, dit-on,
le principe vénéneux.

18. *A. piperatus*, Pers. (*A. acris*, Bull.). Agaric
poivré. (Pl. III, fig. 2.)—Pédicule blanc, cylindrique, plein, presque aussi épais que long. Chapeau
charnu, d'abord régulier et convexe, puis en entonnoir et sinueux. Lames rougeâtres ou jaunâtres, nombreuses, inégales, souvent bifurquées.
Suc blanc, très âcre.

Cette espèce est commune dans les forêts, au
printemps et à l'automne. Sa saveur est âcre et
poivrée. Malgré cela, on la mange dans plusieurs
pays. Son principe âcre étant détruit par la cuis-

son, elle n'a jamais causé d'accidents ; mais elle est assez indigeste. On la fait cuire ordinairement sur le gril.

Le Latyron, ou Roussette (*A. controversus*, Pers.), est une variété du précédent et possède les mêmes propriétés. C'est un des plus gros Champignons connus.

19. *A. deliciosus*, L. Agaric délicieux. — Pédicule nu, plein, ferme, épais, jaune. Chapeau réfléchi sur les bords, jaune fauve ou rouge de brique. Feuillets d'une teinte pâle, inégaux. Suc jaune safrané, douceâtre.

Cette espèce croît dans les bois couverts et montueux. On en fait une grande consommation à Montpellier.

20. *A. subdulcis*, Pers. Agaric douceâtre. — Pédicule cylindrique, d'abord plein, plis creux, glabre, rougeâtre. Chapeau de même couleur, concave, à peau sèche. Lames inégales, rameuses. Suc blanc, doux.

Cette espèce, la plus commune d'après de Candolle, croît en automne dans les champs et les bois, et sert d'aliment dans quelques cantons. Elle a l'odeur du mélilot bleu.

21. *A. lactifluus aureus*, Pers. Lactaire doré, vache, rougeole. — Pédicule brun incarnat, nu, velouté. Chapeau d'abord globuleux, puis un peu

déprimé, brun orangé. Lames jaunâtres. Suc laiteux, doux.

Croît en été dans les friches et sur les pelouses. C'est un des meilleurs Champignons connus.

22. *A. necator*, Bull. (*A. torminosus*, Schœff.). Agaric meurtrier, Morton, Raffoult, Mouton zoné. (Pl. III, fig. 1.) — Pédicule cylindrique, plein, épais. Chapeau d'abord convexe, puis concave, rougeâtre, quelquefois zoné, peluché dans sa jeunesse. Lames blanches, inégales, celles qui sont entières formant un bourrelet autour du pédicule. Suc laiteux, âcre, caustique.

Ce Champignon croît dans les bois à la fin de l'été. S'il n'est pas aussi meurtrier que l'indique son nom, il est néanmoins prudent de s'en abstenir.

Nous en dirons autant des autres Lactaires non décrits ici.

II. *Russula*. — Russule.

Pédicule nu. Chapeau charnu, le plus souvent déprimé au centre. Lames toutes de même longueur, dépourvues de suc.

Les espèces de ce groupe présentent autant de difficultés pour leur distinction que celles du précédent. La saveur, peu prononcée chez quelques-unes, est au contraire très piquante dans d'autres, qui doivent être rejetées. La plupart des auteurs regardent celles qui ont les lames jaunes comme comestibles, celles qui les ont blanches comme vénéneuses. Mais d'autres prétendent le contraire. Il ne faut donc pas avoir une trop grande confiance dans ce caractère.

24. *A. sanguineus*, Bull. (*A. ruber*, DC.). Agaric sanguin. (Pl. IV, fig. 2.) — Pédicule épais, creux dans la vieillesse, nu, blanc, souvent marqué de stries noires ou roses, un peu courbé. Chapeau d'un rouge sanguin, d'abord convexe, ensuite concave, arrondi, à bords un peu déjetés, non striés. Lames épaisses, fragiles, blanches, quelques-unes bifurquées ou trifurquées.

Ce Champignon est commun dans nos bois en été. Il a une saveur âcre et caustique, et est très dangereux.

25. *A. pectinaceus*, Bull. (*A. emeticus* et *roseus*, Pers.). Agaric pectiné, Agaric émétique. — Pédicule plein, charnu, blanc, cylindrique. Chapeau d'abord convexe, puis un peu concave, à bords irréguliers, striés. Lames égales, convexes, très saillantes, adhérentes au pédicule.

Les couleurs varient beaucoup dans ce Champignon. Le chapeau est blanc, jaune, fauve ou rose. Les lames, le plus souvent blanches, sont quelquefois d'un jaune terreux. L'Agaric pectiné est très

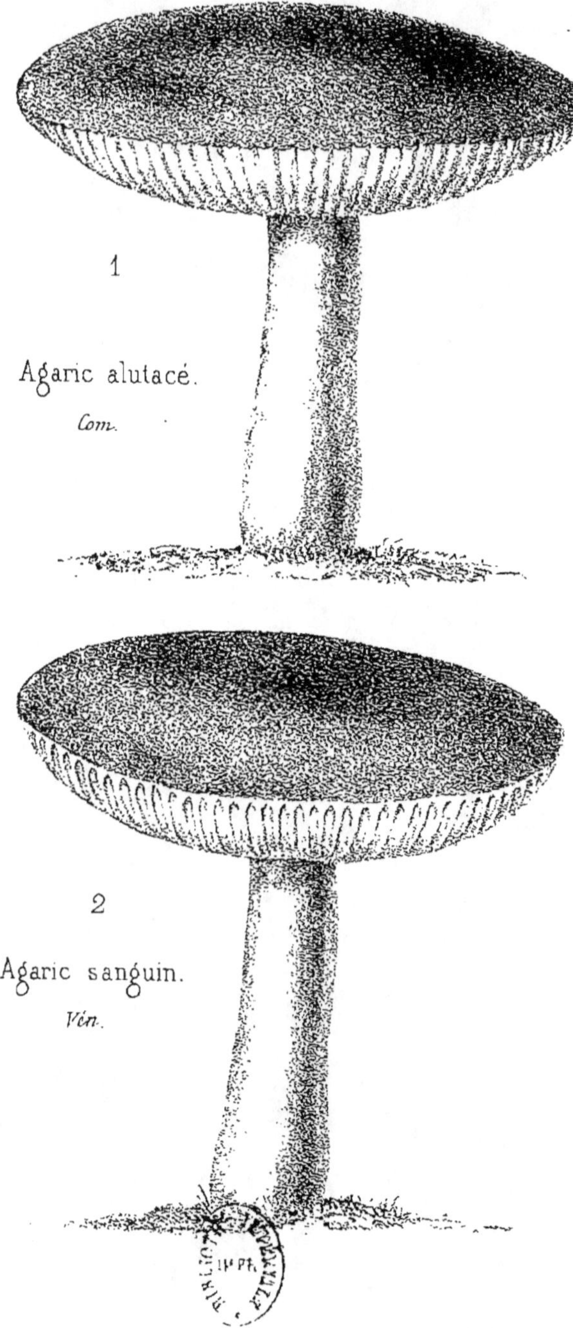

1

Agaric alutacé.

Com.

2

Agaric sanguin.

Vin.

commun dans les bois, en été et en automne ; il est très vénéneux.

23. *A. alutaceus*, Pers. Agaric alutacé. (Pl. IV, fig. 1.) — Pédicule plein, ferme, épais, blanc. Chapeau campanulé, puis presque plan, et à bords sillonnés. Lames jaunes, larges, égales, souples Chair ferme et compacte.

Cette espèce, qui renferme plusieurs variétés, croît à la fin de l'été dans les bois. Elle est comestible. Il faut bien se garder de confondre avec elle l'Agaric sanguin, qui s'en distingue par la couleur blanche des lames.

I. *Mycena*. — Mycène.

Pédicule allongé, fistuleux et nu. Chapeau le plus souvent membraneux, strié, presque transparent, convexe et persistant. Lames unicolores, se desséchant facilement.

Ce groupe ne contient que de petits Champignons à chapeau presque membraneux, et qui seraient d'une ressource insignifiante comme aliment. L'*Agaricus fœniculaceus*, Fr., sert de condiment.

J. *Pleuropus*. — Pleurope.

Pédicule excentrique, latéral ou nul. Chapeau charnu, déprimé, oblique, entier ou dimidié.

On trouve dans ce groupe un assez grand nombre de Champignons comestibles ; on n'y connaît que deux espèces vénéneuses.

26. *A. ulmarius*, Bull. Agaric de l'orme. — Pédicule plein, blanc sale. Chapeau arrondi, convexe, charnu, jaune chamois, quelquefois taché de rouge et de noir. Lames blanches, puis jaunâtres, inégales, larges, échancrées à la base, adhérentes au pédicule. Chair ferme.

Ce Champignon croît, en automne, sur les arbres, notamment sur l'orme. Il est comestible et a une odeur agréable.

27. *A. eryngii*, DC. Oreille de chardon, Ragoule, Gingoule, Baligoule, etc. — Pédicule central ou excentrique, blanc, droit, court, plein, cylindrique. Chapeau arrondi ou irrégulier, à bords roulés en dessous, gris sale. Lames blanches, inégales, décurrentes sur le pédicule.

Ce Champignon croît communément, en automne, sur les racines mortes du chardon Roland. Il est alimentaire.

28. *A. aquifolii*, Pers. Agaric du houx. — Champignon de couleur jaune de bois. Pédicule nu, un peu comprimé, sec, fibreux. Chapeau à surface lisse, quelquefois gercée. Lames inégales, non décurrentes. Chair blanche, tendre.

Cette espèce croît en automne, sous les buissons

de houx. Elle est comestible ; la chair du chapeau est parfumée et très délicate.

29. *A. olearius*, DC. Agaric de l'olivier. — Champignon d'un roux doré vif. Pédicule en général court, latéral ou excentrique, courbé, plein, à chair filandreuse. Chapeau de forme variable, quelquefois un peu brun en dessus. Lames inégales, très décurrentes sur le pédicule.

Cette espèce croît dans le Midi, sur les racines de l'olivier et quelquefois d'autres arbres. Elle est phosphorescente et très vénéneuse.

30. *A. stypticus*, DC. Agaric styptique. — Champignon de couleur cannelle ou fauve clair. Pédicule nu, plein, évasé et aplati au sommet. Chapeau oblong ou réniforme, à bords roulés en dessous, n'atteignant pas 3 centimètres de largeur. Lames étroites, entières, inégales, se terminant à une ligne circulaire, se détachant facilement de la chair du chapeau, qui est mollasse.

Ce Champignon croît en automne et en hiver, dans les bois, sur les troncs d'arbres coupés. Sa saveur est plutôt amère, âcre, astringente que styptique. Le gosier semble en être éraillé pendant plusieurs minutes. La dessiccation, la macération prolongée, ne suffisent pas pour enlever cette saveur, mais une ébullition forte la détruit com-

plètement. Cette espèce est généralement considérée comme vénéneuse ou tout au moins très
malfaisante.

GENRE III.

CANTHARELLUS. — CHANTERELLE.

Champignon recouvert, sur une de ses faces,
d'un hyménium formé de lames en forme de plis,
charnues, épaisses, rameuses et à tranche obtuse.
Pédicule nu, manquant quelquefois.

Ce genre se distingue des deux précédents en ce
qu'il n'a jamais ni volva ni anneau, que sa substance est généralement plus ferme, plus homogène, et que les individus se dessèchent assez facilement.

1. *Cantharellus cibarius*, Fries (*Agaricus cantharellus*, L., *Merulius cantharellus*, Pers.). Chanterelle. (Pl. V, fig. 1.)— Champignon de couleur
chamois variable. Pédicule plein, charnu, épais, se
dilatant en un chapeau irrégulier, d'abord arrondi
et convexe, puis sinueux, en entonnoir et à bords
déchiquetés. Face inférieure marquée de plis bifur-
qués, décurrents sur le pédicule.

On rencontre quelquefois des individus entièrement blancs.

Ce Champignon croît en été, dans presque toutes les forêts. Il est un peu coriace, et, quand on le mâche cru, il laisse dans la bouche une saveur piquante qui se prolonge assez longtemps. Ce n'en est pas moins une excellente espèce, qui forme la base de la nourriture des habitants de certains pays.

GENRE IV.

BOLETUS. — BOLET.

Champignons à chapeau sessile ou pédonculé, garni ordinairement, à la surface inférieure, **de** tubes parallèles, dont on n'aperçoit que l'ouverture extérieure et qui renferment les spores.

Ce genre, très nombreux et divisé en plusieurs sections, est moins dangereux que les deux premiers; et, d'après quelques auteurs, Richard entre autres, il ne renferme pas d'espèces véritablement vénéneuses, mais seulement malfaisantes. Nous pensons, néanmoins, qu'on doit soigneusement s'abstenir de celles dont la chair change de couleur quand on l'entame, ou qui exhalent une odeur d'acide sulfurique affaibli.

A. *Boletus*. — Bolet.

Tubes adhérant ensemble, se séparant facilement du chapeau. Pédicule central.

1. *Boletus edulis*, DC. Bolet comestible, Ceps,
Gyrolle, Bruguet, Potiron, etc. (Pl. V, fig. 2.) —
Pédicule épais, surtout à la base, marbré de roux
et de blanc pâle. Chapeau épais, fauve, glabre.
Tubes très petits, arrondis, à demi-libres, blancs,
passant au jaune verdâtre. Chair ferme, épaisse,
blanche ou jaunâtre.

Le Bolet comestible vient à terre, dans les bois,
pendant tout l'été. C'est un de nos meilleurs Champignons. Sa saveur est très agréable et se rapproche
de celle de la noisette. Il acquiert souvent des dimensions considérables. Il s'en fait une grande
consommation dans le midi de la France, soit frais,
soit sec. Dans ce dernier état, il est l'objet d'un
commerce assez étendu aux environs de Bordeaux.
Nous avons vu, page 33, la manière de le dessé-
cher.

2. *B. œreus*, Bull. Bolet bronzé, Ceps ou Gen-
darme noir. — Pédicule solide, long, jaune clair,
présentant à sa surface une sorte de réseau. Chapeau épais, compacte, glabre, bronzé noirâtre
Tubes presque libres, courts, jaune soufre. Chair

1

Bolet pernicieux.

Vin.

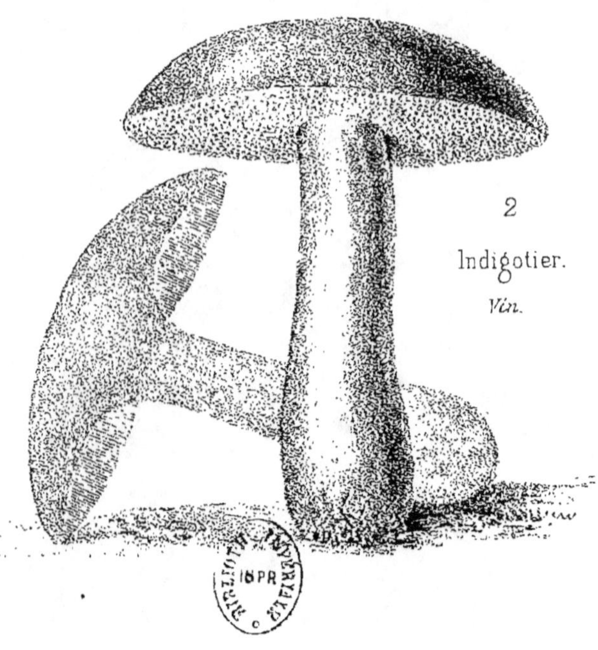

2

Indigotier.

Vin.

blanche ou légèrement jaunâtre, verdissant un peu à l'air.

Cette espèce croît dans les mêmes lieux que la précédente ; elle a les mêmes propriétés, et beaucoup d'amateurs la préfèrent.

3. *B. scaber*, Bull. Bolet rude, Roussille, Gyrolle. — Pédicule cylindrique, renflé à la base, hérissé, rude. Chapeau charnu, hémisphérique, cendré ou fauve. Tubes blancs, quelquefois gris, jaunâtres ou carnés. Chair un peu molle, acidulée.

Le *B. aurantiacus*, Bull., est souvent confondu avec le précédent, erreur qui n'offre aucun danger, les deux espèces étant également comestibles. Elles se trouvent à terre, dans les bois, en automne. Leur chair blanche prend une teinte vineuse quand on l'entame.

4. *B. luridus*, Schœff. (*B. rubeolarius*, Bull., *B. perniciosus*, Roques). Bolet pernicieux. (Pl. VI, fig. 1.) — Pédicule long, presque égal, marqué en haut de quelques lignes rouges en réseau. Chapeau bombé, à surface un peu cotonneuse, olivâtre, devenant plus tard rougeâtre et visqueux. Tubes presque libres, très longs, arrondis, jaunes, à orifice rouge. Chair jaune, devenant bleue à l'air.

5. *B. cyanescens*, Bull. Indigotier. (Pl. VI, fig. 2.) — Pédicule roux pâle, blanc dans le haut, gros, plein, renflé à la base. Chapeau roux pâle, un peu

cotonneux. Tubes libres, arrondis, égaux, blancs ou jaunâtres. Chair blanche, devenant d'un beau bleu dès qu'on la casse.

Ces deux espèces sont communes dans les bois, en été et en automne. On les regarde généralement comme vénéneuses. Cependant on n'a pas d'exemple authentique d'empoisonnements causés par elles. Il paraîtrait même, d'après quelques auteurs, qu'on les mange dans certains pays. La prudence commande de s'en abstenir.

6. *B. tuberosus*, Bull. (*B. bovinus*, L., *B. mitis*, Pers.). Bolet tubéreux. — Pédicule court, épais, plein, très renflé à la base. Chapeau très épais, livide, à surface sèche. Tubes longs, très petits, d'un vert rougeâtre. Chair cassante dans la jeunesse, humide dans un âge plus avancé, changeant de couleur quand on la casse.

Ce Champignon est très fréquent, en été, dans les bois couverts. Il ressemble beaucoup au Bolet comestible, dont on le distingue : 1° par sa chair changeante ; 2° par son pédicule non marbré et très renflé à la base. Il acquiert d'énormes dimensions, et peut servir à la nourriture de l'homme et des bêtes bovines. Le Bolet pernicieux s'en distingue par son chapeau rouge et ses tubes vermillons.

B. *Polyporus*. — Polypore.

Chapeau revêtu en dessous de tubes adhérant avec lui, enchâssés par leur extrémité inférieure dans une membrane homogène, ne laissant voir que leurs ouvertures ou pores.

7. *B. frondosus*, Schœff. (*Polyporus frondosus*, Fries). Bolet en bouquets, Coquilles, Poule des bois, couveuse. — Champignon très rameux. Chapeaux nombreux, sessiles, demi-circulaires, imbriqués, brun grisâtre. Tubes blanchâtres.

Ce Champignon croît, en automne, sur les racines du chêne. Il acquiert un volume considérable et un poids de plusieurs kilogrammes. Sa chair est un peu coriace, mais son odeur et sa saveur sont agréables. Il est comestible. On le trouve par groupes, dont un seul peut servir à la nourriture de plusieurs personnes.

8. *B. juglandis*, Bull. (*Polyporus squamosus*, Fries). Bolet du noyer, Miellin, Langou, Oreille de noyer. — Pédicule latéral, gros, ocracé, marbré, à écailles obscures, noirâtres, crevassé. Chapeau de même couleur, charnu, visqueux. Tubes assez grands, flexueux, plus pâles. Chair blanche.

Ce Champignon habite surtout le tronc des vieux noyers. Son odeur est forte et pénétrante. Sa chair, ferme et compacte, a un goût d'abord salé, ensuite mielleux et fort agréable. La plupart des auteurs le regardent comme alimentaire.

C. *Fistulina*. — Fistuline.

Tubes libres et non soudés entre eux, d'abord clos, s'ouvrant ensuite pour laisser sortir les spores.

9. *B. hepaticus*, Schœff. (*Fistulina buglossoides*, Bull., *Hypodrys hepatica*). Foie ou Langue de bœuf. (Pl. VII, fig. 1.) — Pédicule court, latéral, quelquefois nul. Chapeau arrondi, à face supérieure rouge, gluante, couverte dans sa jeunesse d'aspérités qui disparaissent plus tard. Tubes isolés, adhérents à la chair, d'abord blancs, puis jaune roussâtre. Chair mollasse, rosée, veinée de blanc.

Ce Champignon croît sur le tronc des arbres. Il a un goût vineux, un peu acide, pas d'odeur sensible. Il fournit un bon aliment, pourvu qu'on ait soin de choisir de jeunes individus.

GENRE V.

HYDNUM. — HYDNE.

Champignons rarement réguliers, floconneux, presque secs, fréquemment confondus avec le pé-

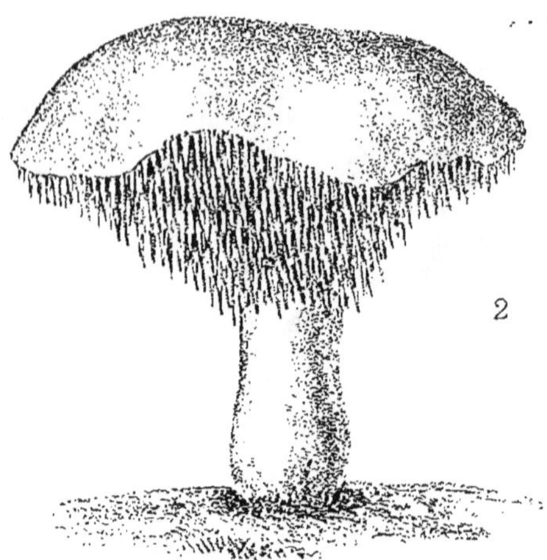

Hydne sinué.

Com.

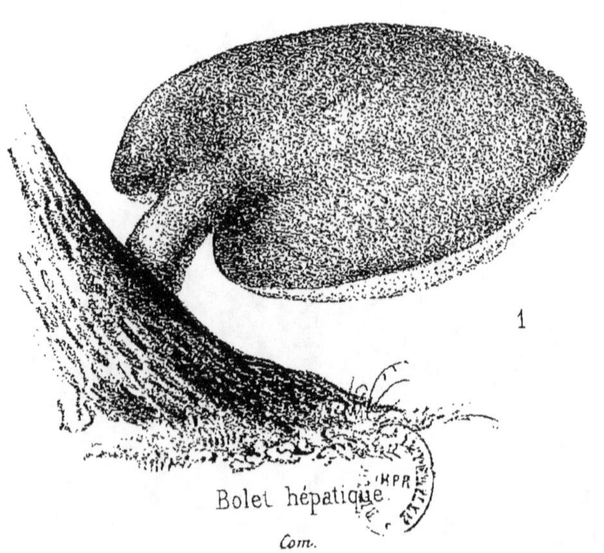

Bolet hépatique.

Com.

r Noyers, 37, Paris.

dicule, renversés, sans bordure. Réceptacle pédicellé ou sessile, de forme variable, portant à sa partie inférieure des pointes plus ou moins libres, coniques, comprimées ou subulées, dirigées en bas, donnant issue aux spores à leur ouverture.

Aucune des nombreuses espèces d'Hydne n'est malfaisante.

1. *Hydnum sinuatum*, Bull. (*H. repandum*, Pers.). Hydne sinué, Rignoche, Pied-de-mouton blanc, Barbe-de-vache. (Pl. VII, fig. 2.) — Champignon ordinairement jaunâtre, ferme et cassant. Pédicule court, gros, plein, rarement central. Chapeau convexe, à bords minces. Pointes cylindriques, fragiles, un peu plus foncées que le chapeau. Chair blanche.

Cette espèce, la plus commune du genre, croît à terre, dans les bois, en été et en automne. Elle a un arrière-goût poivré, un peu acerbe, qu'elle perd quand, après l'avoir fait blanchir, on la soumet à une longue cuisson. Elle est alors délicate et parfumée. Les gens de la campagne la mangent cuite sur le gril, avec du beurre frais, du sel, du poivre et des fines herbes.

2. *H. erinaceus*, Bull. Hérisson, Houppe des arbres. — Pédicule cylindrique, allongé, courbe, le plus souvent nul. Point de chapeau. Tête charnue, compacte, tendre, blanche d'abord, puis jau-

nâtre, pendante, terminée par des pointes nombreuses, perpendiculaires.

Cette espèce est l'une des plus grandes du genre; elle croît dans les cicatrices des vieux chênes, et a la saveur du Champignon de couche. On en fait une grande consommation dans les Vosges.

3. *H. caput Medusæ*, Pers. (*Clavaria caput Medusæ*, Bull.). Tête de Méduse. — Champignon d'abord blanc, ensuite gris. Tronc court, charnu, épais, se terminant en une multitude de divisions simples, grêles et réunies en touffe, verticales d'abord, puis pendantes.

Cette espèce croît à la fin de l'été, sur les bois morts. Elle a une odeur et une saveur fort agréables. On en mange beaucoup en Italie.

GENRE VI.

CLAVARIA. — CLAVAIRE.

Champignons gélatineux, charnus ou cornés, épaissis au sommet, simples ou rameux, à rameaux le plus souvent atténués. Réceptacle dressé, cylindrique, homogène, se confondant avec le pédicule. Membrane fructifère mince, superficielle, n'ayant de spores qu'au sommet.

Il n'y a dans ce genre aucune espèce malfai-

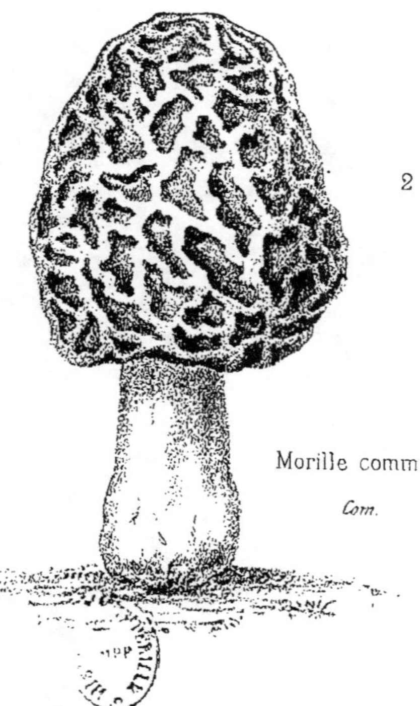

2

Morille commune.

Com.

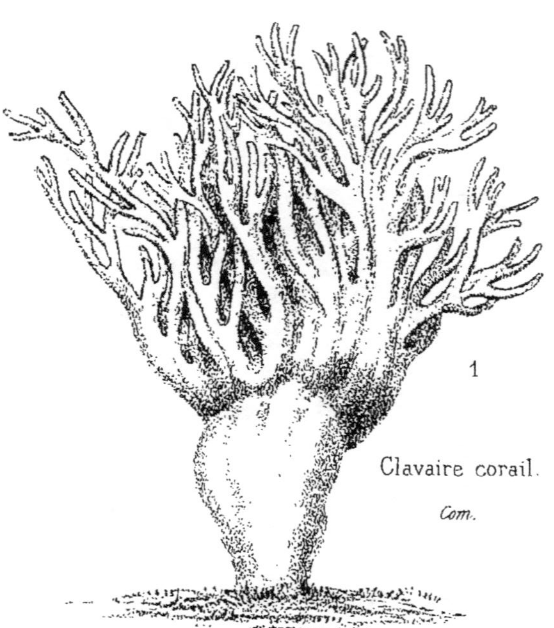

1

Clavaire corail.

Com.

sante ; les plus grosses fournissent une nourriture saine à l'homme et aux animaux. On rejette seulement les espèces visqueuses.

1. *Clavaria coralloides*, L. Clavaire coralloïde, Menotte, Tripette, Cheveline. (Pl. VIII, fig. 1.) — Champignon dressé, blanc ou jaune. Rameaux nombreux, allongés, droits, cylindriques, pleins, obtus, fragiles, à surface ondulée. Chair ferme et cassante.

Cette espèce croît sur la terre, dans les bois ; c'est un des Champignons les plus sûrs à manger. Les Clavaires cendrée et améthyste n'en diffèrent guère que par la couleur.

GENRE VII.

MORCHELLA. — MORILLE.

Champignon sans volva. Pédicule cylindrique, portant un chapeau ovoïde, imperforé, marqué en dessus de nervures anastomosées, formant des alvéoles polygonaux qui contiennent les spores.

Toutes les espèces de ce genre sont comestibles.

1. *Morchella esculenta*, Pers. Morille commune ou comestible. (Pl. VIII, figure 2.) — Pédicule gros, lisse, cylindrique, blanc, mou. Chapeau fort,

ovoïde, obtus, adhérent par la base au pédicule, à côtes anastomosées formant des alvéoles.

Cette espèce, qui croît au printemps dans les bois, a une odeur agréable, et constitue un aliment délicieux. On la mange fraîche ou séchée. Lorsqu'on la cueille, il faut couper le pied et non l'arracher ; sans cette précaution, la terre, enlevée avec le mycélium, s'introduirait dans les alvéoles, ce qui nuirait à la bonté de ce mets.

Ce genre renferme plusieurs autres espèces alimentaires, que l'on peut confondre avec la précédente sans le moindre inconvénient.

GENRE VIII.

HELVELLA. — HELVELLE.

Champignon pédiculé, à chapeau ordinairement irrégulier, uni (sans veines, pores, ni lames) sur ses deux surfaces, et ayant des spores seulement sur l'inférieure.

1. *Helvella mitra*, L. (*H. leucophœa*, Pers.). Mitre. — Champignon ayant l'apparence et la consistance de la cire. Pédicule très épais, cannelé, formé à l'intérieur de lames tortueuses. Chapeau à deux ou trois lobes réfléchis en haut, et formant une sorte de croissant dont la concavité est en haut.

Cette espèce renferme plusieurs variétés bien

distinctes, qui sont toutes également comestibles, comme presque toutes les Helvelles. Elle vient en automne, dans les forêts. On rejette l'Helvelle hérissée (*H. hispida*, Schœff.), qui a une odeur très désagréable de *punaise*.

GENRE IX.

LYCOPERDON. — VESSE-DE-LOUP.

Spores renfermées dans un réceptacle commun (*peridium*) fermé de toutes parts, au moins dans leur jeune âge. Champignon de forme globuleuse, d'abord plein d'une chair ferme et blanchâtre, qui se change ensuite en une poussière abondante mêlée de filaments ; enveloppe s'ouvrant au sommet, pour laisser échapper les spores à la maturité.

Le nom de *Vesse-de-loup*, donné à ces Champignons, rappelle la manière singulière dont se fait l'émission de leurs spores. Il est très probable que quelques-uns sont comestibles dans leur jeunesse ; mais il serait imprudent de les manger à un âge plus avancé.

1. *Lycoperdon giganteum*, DC. — Grande espèce, ayant quelquefois 3 décimètres de diamètre, arrondie, à chair blanche, se changeant en poussière brune ; enveloppe lisse ou un peu peluchée.

Cette espèce croît sur la terre. Elle est comestible dans sa jeunesse, tant que sa chair est blanche. Quand celle-ci devient grise, le Champignon cesse d'être alimentaire ; on peut alors en fabriquer un amadou de bonne qualité. Les autres espèces de *Lycoperdon* participent plus ou moins de ces propriétés.

GENRE X.

TUBER. — TRUFFE.

Champignon souterrain, arrondi, sans racine, ne s'ouvrant pas ; intérieur charnu, marbré ou veiné, ne se remplissant pas de poussière.

1. *Tuber cibarium*, Bull. Truffe comestible, Truffe noire, Rabasse.— Tubercules globuleux ou ovoïdes, variant de grosseur, blancs, puis noirs, garnis à l'extérieur de verrues noires, veinés de gris à l'intérieur.

Les Truffes ne se plaisent que dans les terrains argileux, mêlés de sablon et de parties ferrugineuses ; elles préfèrent surtout les lieux frais, ombragés et tempérés. C'est vers les rives incultes des ruisseaux, dans les terrains en pente, sur les coteaux, au voisinage des bois, sous l'ombrage des chênes, des châtaigniers, des trembles, etc., qu'on les trouve le plus communément. Elles sont rares dans le Nord, et d'une saveur peu recherchée. Mais elles sont abondantes et délicieuses dans plusieurs de nos départements méridionaux, tels que les deux Charentes, le Lot, la Dordogne, le Gard, l'Aveyron, l'Hérault, le Tarn, l'Ardèche.

La Truffe végète à un décimètre environ de profondeur ; les terres qui en contiennent beaucoup les décèlent par les fentes et les soulèvements qu'on y observe, et par le bruit sourd et particulier qu'elles rendent lorsqu'on les frappe avec un bâton. Pour trouver ces précieux tubercules, on a recours à l'instinct des cochons ou de chiens dressés à cette recherche. Une espèce de tipule qui dépose ses œufs sur ce végétal, dont se nourrit sa larve, en indique aussi la présence. Les nuits fraîches sont plus favorables pour cette recherche, parce qu'alors l'odorat des chiens est plus sensible. Dans les premières gelées d'automne et au temps des brouillards, il s'élève des truffières des exhalaisons assez sensibles pour être découvertes par des hommes dont le sens de l'odorat est exercé à cette recherche.

On distingue dans la Truffe comestible plusieurs variétés, la blanche, la violette, la grise et la noire ; on admet généralement qu'elles ne sont dues qu'à des différences d'âge. La dernière, qui correspond à la maturité complète, est la plus estimée.

FIN.

TABLE DES MATIÈRES.

PREMIÈRE PARTIE.

Notions générales.

SECONDE PARTIE.

Etude des espèces.